简单的就是幸福的

文静 编著

中国华侨出版社

图书在版编目（CIP）数据

简单的就是幸福的／文静编著. —北京：
中国华侨出版社，2014.6
ISBN 978－7－5113－4648－3

Ⅰ.①简… Ⅱ.①文… Ⅲ.①幸福-通俗读物
Ⅳ.①B82－49

中国版本图书馆CIP数据核字（2014）第109398号

● 简单的就是幸福的

编　著／文　静
责任编辑／文　筝
封面设计／纸衣裳書裝·朴希前
经　销／新华书店
开　本／710毫米×1000毫米　1/16　印张16　字数180千字
印　刷／北京一鑫印务有限责任公司
版　次／2015年4月第1版　2019年8月第2次印刷
书　号／ISBN 978－7－5113－4648－3
定　价／32.00元

中国华侨出版社　北京朝阳区静安里26号通成达大厦3层　邮编100028
法律顾问：陈鹰律师事务所
编辑部：（010）64443056　　64443979
发行部：（010）64443051　　传真：64439708
网　　址：www.oveaschin.com
e－mail：oveaschin@sina.com

前言

　　幸福，多么悦耳动听的一个词！每个人听到这个词，心中不免顿生向往。然而，幸福到底是什么？幸福的人生到底是什么样的？恐怕一百个人要有一百个答案。有人说，幸福就是有个好工作。确实，在就业压力堪比海底游泳一样的今天，有一个好的工作，确实能让人有安身立命之地。有人说，幸福就是有个健康的身体，能吃能喝能享受。确实，健康比什么都重要，连健康都没有何言幸福呢？也有人说，幸福就是要懂得知足常乐。确实，一个懂得知足的人才会活得快乐，才会拥有幸福……

　　答案五花八门，幸福到底是什么呢？

　　幸福其实很简单，幸福就是我们在追求目标，偶尔停下来的闲暇。没有绝对的幸福，也没有完完全全的幸福，只有相对的幸福。

　　幸福其实很简单，幸福是珍惜现在所拥有的，争取可能拥有的，放弃不能拥有的，享受现在即可。正如哲人所说：很多时候，我们的人生就像是登山，见到东西就放进自己的背篓，等到了山腰，便已是精疲力竭，无力前行了。这时，我们就要学会放弃，放弃背篓中的一些东西，这样才能继续前行。

幸福其实很简单，幸福是自己的一种愉悦的心理感受，自己取得的每一点进步、自己的努力得到别人的认可都能让我们感受到幸福的所在。

幸福就是要好好享受现在拥有的一切，在不断的追求中，不停地寻找幸福的味道，这才能真正体会到幸福其实就在我们身边。幸福并非遥不可及，它就藏匿在平凡生活的每一个小小细节之中，等待我们去发掘、去实现。下定了快乐的决心，并愿意找回情绪的主控权，你就不会离幸福太远，幸福就那么简单。

愿这本书能给你帮助，让幸福尽快降临你的人生。本书从梦想、自信、健康、感恩、包容、谦逊、放下、糊涂等方面逐一列举简单幸福的方式，希望给读者带来愉悦享受的同时，能给读者一些启示。

目录

第一章　梦想是获得幸福的机会

没有方向的船永远都不会行驶到彼岸，没有梦想的人生永远也不会感受到幸福！作好人生规划，找准人生方向，成功才会离我们越来越近。

人生因梦想而伟大 …………………………………… 2
梦想是帆，方向是舵 ………………………………… 5
有目标就是有方向 …………………………………… 8
锁定人生目标 ………………………………………… 10
规划人生走向 ………………………………………… 12
规划在于不断完善 …………………………………… 14
不要为梦想迷失了方向 ……………………………… 17
赎回自己的梦想 ……………………………………… 19
为梦想去勇敢追寻 …………………………………… 22

第二章　保持谦卑才能离幸福更近

谦逊是一种智慧,是一种良好的品格。任何人都不会对骄傲与狂妄之人产生好印象,更不愿与他们交往。因此,一个懂得谦逊的人,才能赢得人们的尊重,受到人们的欢迎。

在谦逊中找回自己的坐标 …………………………………… 26
牢记自满招损 ………………………………………………… 30
别以为自己很重要 …………………………………………… 32
看到自己的无知才是真知 …………………………………… 36
骄傲会使人变得无知 ………………………………………… 39
总把自己当珍珠,就有被埋没的痛苦 ……………………… 41
个性不必太张扬 ……………………………………………… 43
要有一颗谦卑的心 …………………………………………… 45

第三章　自信是获得幸福的源泉

　　有很多思路敏锐、天资高的人，却无法发挥他们的长处参与讨论，并不是他们不想参与，而只是因为他们缺少信心。世上所有德行高尚的人都能忍受凡人的刻薄和侮辱。强者自信，越是有人打击我，我就越坚强，越是面对狠毒的人，就越懂得感谢！不是因为有些事情难以做到，我们才失去自信，而是因为我们失去了自信，有些事情才显得难以做到。

默念"我行！我能行！" …………………………………… 50
面带微笑，始终如一 …………………………………… 52
你切不可自卑 …………………………………………… 54
培养自信心的绝妙方法 ………………………………… 58
提高自己的心理素质 …………………………………… 61
别让压力破坏了你的自信 ……………………………… 64
自信的人能出人头地 …………………………………… 66
自信让你神采飞扬 ……………………………………… 70
相信明天更美好 ………………………………………… 75
敢于和强手过招 ………………………………………… 80

第四章　幽默是幸福生活的润滑剂

　　幽默就在我们身边，但有时它却令我们难以琢磨、难以理解。幽默到底是什么样子的呢？有人说幽默的脸是美丽的，幽默的笑是友爱的，幽默的心态是乐观的，幽默的意志是坚强的，幽默的品格是豁达的。幽默包含着人生非同一般的大智慧。

幽默是智慧的化身 …………………………………… 84
豁达的人最幽默 ……………………………………… 85
有一种坚韧叫幽默 …………………………………… 88
幽默是大度的前提 …………………………………… 89
会幽默才有好心态 …………………………………… 92
幽默是可爱的伙伴 …………………………………… 94
幽默是一门艺术 ……………………………………… 95
幽默是一种高雅的情调 ……………………………… 97
幽默是有风度的表现 ………………………………… 100
机智与幽默同行 ……………………………………… 104
在模仿中制造幽默 …………………………………… 106

第五章　健康是获得幸福的头等大事

不管是年轻人还是老年人，你必须认清健康的重要性。不要认为自己年轻力壮用不着为健康操心，今日的疏忽就可能是明日的灾难，健康是压倒一切的大事。没有了健康，金钱、地位，幸福也就都没有了意义。因此，从现在开始，请特别关注你的健康。拥有了它，你才能快乐幸福地生活。

把手中的烟扔掉 …………………………………… 110
饮酒要适量 ………………………………………… 112
告别四种不健康的生活方式 ……………………… 115
不要让熬夜成了习惯 ……………………………… 117
中年人保护健康要做好五件事 …………………… 119
健康与美丽都是吃出来的 ………………………… 122
女性七大健康问题早解决 ………………………… 124
用运动保持健康 …………………………………… 129
最好的运动就是适合自己的运动 ………………… 132
心理不健康身体也不健康 ………………………… 135
抛去精神负担才能一身轻松 ……………………… 137

第六章　宽容是感性之风，吹得幸福溢满四周

　　宽容做人，至少你不会在乌云密布、看不见阳光的日子里生活；相反，你会发觉春光明媚，世界无限大，无限美好。严谨做事，至少你不会等到冰霜融化时，才想起水的可贵；相反，你会发觉下雨天其实真的很美。一切事物都在其灌溉后变得更加鲜艳丰满。

包容是一种大智慧 …………………………………………… 142
宽恕别人就是在宽恕自己 ……………………………………… 144
爱人即爱己 ……………………………………………………… 147
让包容融化心中的坚冰 ………………………………………… 150
学会宽容，升华自己 …………………………………………… 152
用一个博大的胸怀迎接成功 …………………………………… 154
水至清则无鱼 …………………………………………………… 156
包容让你的职场充满阳光 ……………………………………… 158
做事不能没有分寸 ……………………………………………… 160
严谨不等于面无表情、不讲人情 ……………………………… 163
在宽严之间找到一个结合点 …………………………………… 164

第七章　人生需要感恩，感恩才能幸福

　　我们总抱怨生活的压力太大，工作、家庭、金钱，甚至爱情，本来该是生活的快乐所在，却变成了背上的枷锁。习惯面无表情的生活，甚至忘记了这个世界上还有一种东西叫幸福。其实，幸福很简单，如果你不那么匆匆，如果你用爱的眼光去感恩你拥有的一切，那么幸福真的离你很近。

感恩是一种幸福的生活方式 …………………………… 170
对自己的父母感恩 …………………………………… 171
感激配偶和孩子 ……………………………………… 173
感激自己的公司和老板 ……………………………… 175
感激共事的朋友和竞争的敌人 ……………………… 177
感恩是多赢的工作哲学 ……………………………… 179
让感恩成为你工作的力量 …………………………… 182
感恩是一种处世哲学 ………………………………… 183
"感恩"是一个人与生俱来的本性 …………………… 185
感恩是一种精神 ……………………………………… 188

第八章　是否幸福取决于心态

　　选择是一种智慧，放弃是一种美丽，生活的真谛便在这取舍之间。人的一生犹如花的历程，一个花期仅是全部生命历程的一个小小的环节。选择是量力而行的睿智和远见；放弃是顾全大局的果断和胆识。当你站在人生的十字路口无法选择时，也许放弃是最好的选择。

舍弃是为了获得更多 …………………………………… 192
懂得放弃，才能有更美好的未来 …………………………… 194
放弃是一种更明智的选择 …………………………………… 197
拿起该拿起的，放下该放下的 …………………………… 198
放弃是对勇气和胆识的考验 ……………………………… 201
放弃，有时就是最好的选择 ……………………………… 204
舍弃眼前的诱惑，才能换来最后的辉煌 ………………… 206
弯路上，往往有更美的风景 ……………………………… 208
放弃不是失败，只是暂时停止成功 ……………………… 211
懂得放下，才能收获更多 ………………………………… 213
放弃对金钱的贪念 ………………………………………… 215

第九章　糊涂使你顿悟幸福

　　难得糊涂，必须要做到"该糊涂时糊涂，不该糊涂时绝不糊涂"。人生难得糊涂，贵在糊涂，乐在糊涂，成在糊涂。所以，难得糊涂，会使你恍然顿悟，会带给你一种大智慧，会让你获得一种前所未有的达观和从容。

贵在"难得糊涂" …………………………………… 220
该清醒时要清醒 …………………………………… 222
输得起才能赢得了 ………………………………… 224
糊涂自有糊涂福 …………………………………… 227
睁一只眼闭一只眼 ………………………………… 230
糊涂是高明的人生智慧 …………………………… 231
糊涂智慧比聪明更重要 …………………………… 233
糊涂是一种傻瓜精神 ……………………………… 235
患得患失才是真糊涂 ……………………………… 238
温文尔雅是修炼"糊涂" …………………………… 240

第一章
梦想是获得幸福的机会

没有方向的船永远都不会行驶到彼岸，没有梦想的人生永远也不会感受到幸福！作好人生规划，找准人生方向，成功才会离我们越来越近。

人生因梦想而伟大

2008年3月24日,国际足联花费巨资赞助拍摄的体育励志题材影片《一球成名》在中国公映。皇家马德里的三位当家球星贝克汉姆、齐达内和劳尔集体参与了本片的演出。

这是一部关于成长和梦想的影片,影片的片头字幕是这样的:"人因为梦想而伟大"。这部影片给了在庸碌生活中的人们很多感动,它承载着很多人内心那不时蠢蠢欲动的英雄梦想。

《一球成名》主要讲述的是出生在洛杉矶的墨西哥男孩桑蒂亚戈梦想成为一名伟大的足球运动员的故事。他在自己的努力和球探的发掘下,终于为自己赢得了一份签约英超著名俱乐部纽卡斯尔联队的合同,从此要面对完全不同的欧洲联赛舞台。

人生就是一次义无反顾的冒险,有了梦想之后,爱拼才会赢。桑蒂亚戈就是这类典型的成功人士,他矢志不渝坚持儿时的足球梦想,即使试训狼狈不堪也不改初衷,最终一战成名。

《一球成名》讲的是足球故事,但真正让人为之激动、呐喊,并为之流泪的不仅仅是足球,还有我们心中曾有的那个梦想。

人因梦想而伟大,这句话最早是著名影星英格丽·褒曼说的,她是一位被众多影迷深深热爱着的好莱坞的"第一夫人",多次获得奥斯卡奖。

英格丽·褒曼18岁那年,她的梦想是在戏剧界成名。但是,她的监护人奥图叔叔却要她当一名售货员或者秘书。为此两人争执不下,奥图叔叔答应给她一次参加皇家戏剧学校考试的机会,如果考不上的话就必须服从他的安排。

为了能考上皇家戏剧学校,英格丽·褒曼颇费了一番心思。一方面,她为自己精心准备了一个小品,反复认真地排练这个小品。另一方面,在考试的前几天,她给皇家剧院寄去一个棕色的信封,如果失败了,棕色信封会被退回来;如果通过了,就给她寄来一个白色信封,告诉她下次考试的日期。

考试的时候,英格丽·褒曼跑两步在空中一跳就到了舞台的正中,欢乐地大笑,接着说出第一句台词。这时,她很快地瞥了评判员一眼,惊奇地发现评判员们正在聊天,相互大声谈论着,并且比画着。见此情景,英格丽·褒曼非常失望,连台词也忘掉了。她还听到裁判团主席对她说:"停止吧!谢谢你……小姐,下一个,下一个请开始。"

英格丽·褒曼听到这话后彻底失望了,她好像什么人也看不见、什么也听不见,在舞台上待了三十秒就匆匆下台。她感到自己的梦想破灭了,甚至想到了自杀。

第二天,有人给她送去了白信封。她拿到了被录取的白信封!

多年后,已成为明星的英格丽·褒曼碰见了那位评判员,闲聊之际,便问道:"请告诉我,为什么在初试时你们对我那么不好,就因为你们那么不喜欢我,我曾经想去自杀。"

"不喜欢你?"那位评判员瞪大眼睛望着她,"亲爱的姑娘,你真是疯了!就在你从舞台侧翼跳出来,来到舞台上的那个瞬间,而且站在那儿向着我们笑,我们就转身彼此互相说着,'好了,她被选中了,看看她是多么自信!看看她的台风!我们不需要再浪费一秒钟了,还有十几个人要测试呐!叫下一个吧!'"

梦想永远在前方,当你追求自己的梦想时,你会获得发展与成长。梦想在前方召唤你,促使你迎向挑战,引导你更上一层楼。如果你所选择的目标马上就可以做到,那么它或许是一种机会,但绝对不是你的梦想。你的梦想中必须含有某种能激励自我拓展、自我要求的要素,而这些要素也会帮助你不断地成长、改变、进步。

一个真正的梦想必定充满挑战性,正因为它具有挑战性,又是你自己所选择的,所以你一定会积极地想完成它。你的梦想就是你的使命,不仅是一种挑战,同时也是激励你的原动力。

人生的梦想会使你逃脱安逸的环境、迎接挑战。如果你一直安于现状,终会感到失望及不满。你没有成长,不追求挑战,怎么会真的感到满足呢?在你的内心深处,一定在呐喊着:我需要更多、更新、更好的事物,这种希望自己进步的渴求一定在你心中。

一个有梦想、勇敢前进的人,即使他目前未达到目标,或成就不大,但是他一定对自己的人生非常满意,因为他的人生方向有情感、有成长。这使他觉得满足而有收获,每一天都过得很有意义。

人生的伟大并不在于你在做什么,而在于你想做什么。

梦想是帆，方向是舵

有人问著名物理学家杨振宁："人生最重要的事情是什么？"杨振宁回答："方向正确。我很幸运，因为我的方向是正确的。"的确，人只有掌握正确的方向，才能创造成功的人生。

人生是一场竞技，不仅要付出努力，更要方向正确。坚强和毅力固然可敬，但只有在正确的方向下才会发挥作用，选错了人生方向，就会与成功背道而驰。

20世纪40年代，有一个年轻人先后在慕尼黑和巴黎的美术学校学习画画。二战结束后，他靠卖画为生。一天，他的一幅未署名的画被人误认为是毕加索的作品而出高价买走。这件事情给了他启发，于是他开始全面地模仿毕加索，出售假画。

20年后，他决定不再仿冒毕加索，于是来到西班牙的一个小岛定居。他拿起画笔，画了一些风景和肖像画，每幅都署上了自己的真名，这些画过于感伤，主题也不明确，根本得不到人们的认可。

不久，当局查出他就是那位躲在幕后的假画制造者，考虑到他是一个流亡者，没有将他驱逐出境，而是判了他两个月的监禁。这个人就是埃尔米尔·霍里，世界上最著名的假画制造者。

毋庸置疑，埃尔米尔有独特的天赋和才华，但是由于没有找准自己的方向，终于陷进泥淖之中，不能自拔。虽然他也曾一时暴富,但他终日惶惶不安,并终究难逃败露的结局。最为可惜的是,在长时间模仿他人的过程中,他渐渐迷失了自己,再也画不出真正属于自己的作品了。

可见,一个人如果走上了错误的路,等待他的将是失败和痛苦。他在暗自神伤的时候,又是何等痛苦与悔恨,但是木已成舟,无法挽回。

人生除了积极地追求,勇于付出辛苦的汗水以外,还要注意拼搏的方向。方向找对了,成功是早晚的事;方向错了,走得再快也是南辕北辙。当一个人把努力用在错误的方向上时,其失败就已经命中注定。

一粒种子的方向是冲出土壤寻找阳光;一条根的方向是伸向土层汲取更多的养分。人生同样如此,正确的方向会引领我们踏入成功之门,错误的方向则让我们误入歧途,甚至遗恨终生。

对人生而言,努力很重要,但选择好努力的方向更重要。很多人不能成功,原因在于方向的错误。许多人埋头苦干,却不知所为何来,到头来发现成功的阶梯搭错了方向,却为时已晚。

有人把一只蜜蜂和一只苍蝇同时放进一个瓶子里。蜜蜂不停地咬,希望咬破这个瓶子飞出去,三天后,它死在瓶子里。苍蝇在瓶子里转了几圈后,发现四周都很坚固,就飞到瓶口处,意外地发现那里有一个出口,就飞出去了。

很多人终身劳碌,一无所获,只因找错了方向,把精力用错了地方!生活之路弯路多,找对方向才是发挥自己勇敢精神的正确归宿。所以,我们努力做事的时候,一定要弄清楚方向是否正确。

历史上有不少人有过这样美好的愿望:制造一种不需要动力的

机器，它可以源源不断地对外界做功，这样可以无中生有地创造出巨大的财富来。在科学历史上，永动机从没有成功过。能量守恒定律的发现使人们认识到：任何一部机器，只能使能量从一种形式转化为另一种形式，而不能无中生有地制造能量，因此，根本不能制造永动机。那些追求永动机的人们，愿望是好的，也不缺乏刻苦钻研的精神，只是他们做事情违背客观规律，所以都失败了。

所以，有的人失败了，不是没有能力，而是选择错了方向，定错了目标。成功者的秘诀是：随时检查自己的选择是否有偏差，合理地调整目标，轻松地走向成功。

牛顿早年就是永动机的追随者，在进行了大量的实验失败之后，他很失望，但他很明智地退出了对永动机的研究，在力学研究中投入了更大的精力。最终，许多永动机的研究者默默而终，而牛顿却因摆脱了无谓的研究，在其他方面脱颖而出。

在人生的关键时刻，我们要审慎地运用智慧，作正确的判断，选择正确方向。每次正确无误的抉择将指引你走向通往成功的坦途，使你达到人生的预期目标，抵达人生的辉煌。

方向的选择往往随时间而改变，因为梦想和目标都需要时间慢慢培养。如果你能让梦想自由发展，给它更多的空间和时间，让它在你心中沉淀，这样，你的选择会更加正确。

有目标就是有方向

这个世界上，人人都想成就一番事业，但成功只属于少数人。为什么很多人没有成功呢？因为他们没有明确的人生目标，这种弱点使他们被永远地拒绝在成功的大门外。

古罗马哲学家小塞涅卡说："有些人活着没有任何目标，他们在世间行走，就像河中的一棵小草。他们不是行走，而是随波逐流。"一个人只有先有目标，才有前进的方向，才能感受到成功的喜悦。

哈佛大学曾经对应届毕业生做了一个调查报告，他们询问在应届毕业生中有多少人有明确的人生目标。结果只有3%的人有明确的人生目标，并且写在了日记本上，他们把这些人列为第一组。另外有13%的人在脑子里有人生目标但没有写在纸上，他们把这些人列为第二组。其余84%的人都没有明确的人生目标，他们的想法是完成毕业典礼后先去度假放松一下，这些人被列为第三组。

10年后，哈佛大学又把当初的毕业生全部召回来做一次新的调查，结果发现：第二组的人，即那些有人生目标但没有写在纸上的毕业生，他们每个人的年收入平均是那些84%没有人生目标毕业生的两倍；第一组的人，即那些3%的把明确人生目标写在日记本上的人，他们的年收入是第二组和第三组的人收入相加后的十倍。也就是说，如果那97%的人加起来一年挣一千万美元，那么这3%的人加起来的年收入是一个亿。

这个调查很清楚地表明，确定明确人生目标并写在纸上的重要性。那些97%的毕业生看到这个结果后都大为吃惊，他们很后悔当初没能花点时间来确定自己的人生目标，并很清楚地写在笔记本上。

这个调查揭示了什么？成功的秘密就是设定明确的人生目标。这会有一种超乎寻常的功能，使一个人的成功超过平常人十倍、百倍。多看一些成功人物的传记和人生故事，就能从他们的人生轨迹中悟出一个道理：成功者之所以成功，首先是有明确的人生目标。

一个人没有明确的目标，就好像一条船在海里漂荡，因为没有它的目标港，那么不管这条船漂了多久，又多少经历风浪的经验，它始终不会到达目的地。一个人不论有多么聪明，有多高的学历，人生阅历多么丰富，只要缺乏人生目标，他一生肯定难成大事。

想成功，就必须确定人生目标，然后努力去做。没有明确的目标是人生一大悲哀和痛苦。如果不知道自己想成为什么样的人，或生活这条船往哪里去，可能要浪费你几年、几十年甚至一辈子的时光。等你离开这个世界时才悟出这个道理，那就太晚了。

目标是人生的起点，推动你向着人生的最高点前进；目标是一盏明灯，照亮你的生命；目标是一方罗盘，引导你的人生航向。人生最可怕的敌人，就是没有明确的目标。一个人无论现在多大年龄，他真正的人生之旅是从设定目标的那一天开始的，以前的日子都是在绕圈子。

很多人感叹："如果能够重新再来一次，我将做……""如果我再年轻几年，就能做更多的事……"因为当初没有明确的目标，所以丧失了很多机会，生命里有了很多的遗憾。

设定目标是成功的开始。无论人生的哪一个阶段，你都要有一个适合自己的发展目标，并且坚持着自己的目标。有了目标，你的生活总是充满着憧憬和希望，能够时刻以一种乐观向上的姿势迎接挑战，就算跌倒也会很快找到爬起的支点，一步一步地向成功迈进。

人生最可怕的敌人，就是没有明确的目标。只要你一心向着自己的目标前进，整个世界都会给你让路。

锁定人生目标

只要立定志向，就可以做到任何想做的事，达成人生的目标。

为了实现理想，不妨试着每天给自己定一个目标，然后努力去做，认真地去实现。最终你会发现，原来你前进的步伐很快，理想也即将要实现。

有一位很有名的演说家曾经讲过一个他小时候的故事：有一次，他和两个小朋友在一个废弃的轨道上行走，一个身材普通，而另一个是胖子。出人意料的是，他们在比赛谁走得快时，那个胖男孩竟把他俩甩出老远。

这下激起了他的好奇心，他向那位胖男孩请教。那位胖男孩指出，他因为肥胖看不到自己的脚，所以只好选择轨道上一个较远的目标，并朝目标走。接近目标时，他又选择了另外一个目标……如此下去，他始终朝着新目标前进。

人生犹如走路，在行进中你的目标是什么呢？

传说有一块石头在深山里寂寞地躺了很久，它有一个梦想：有一天能够像鸟儿一样飞翔。当它把自己的理想告诉同伴时，立刻招来同伴们的嘲笑："瞧瞧，什么叫心比天高，这就是啊！""真是异想天开！"这块石头不去理会同伴们的闲言碎语，仍然怀抱理想等待时机。

有一天一个叫庄子的人路过这里，它知道这个人有非凡的智慧，就把自己的梦想告诉了他。庄子说："我可以帮你实现，但你必须先长成一座大山，这可是要吃不少苦的。"石头说："我不怕。"

于是石头拼命地吸取天地灵气，承接雨露惠泽，不知经过多少年，受了多少风雨的洗礼，它终于长成了一座大山。于是，庄子招来大鹏以翅膀击山。一时间天摇地动，一声巨响后，山炸开了，无数块石头飞向天空。就在飞的一刹那，石头会心地笑了。

在山体迸裂的那一瞬间，石头实现了它的理想。在实现理想的过程中，石头每天的目标就是吸取更多的天地灵气，承接更多的雨露惠泽。随着石头每天认真地实现目标，当它长成大山的那一天，飞翔的理想终于实现了。

从这则故事中我们不难体会到目标对于一个人的重要性，它是实现理想的前提，也是实现理想的动力。

林肯总结自己一生的经历得出这样的结论：自然界里喷泉的高度不会超过它的源头，一个人最终能取得的成就不会超过他的信念。

规划人生走向

很多人认为，个人努力很重要，结果就要看运气了。其实，盲目地"个人努力"，正是很多人当前的通病。人生也是可以设计的，成功的人生更需要规划。

威廉·乔治是美国利敦微波公司的总裁，这家公司所取得的经济效益令同行们刮目相看。建立像利敦这样的大公司并力争获得辉煌业绩，是乔治学生时代的梦想，而他在30岁那年就实现了这一梦想。

乔治在大学时就注重自己的人生设计。乔治的计划是这样的：先在大学攻读技术与管理专业，毕业进入政府机构锻炼人际交往能力，然后加盟小公司寻找实践机会，最后成为大企业的高级主管。这一设计为乔治今后事业的成功划出了预定轨迹。

当他进入政府机构并晋升为美国海军总司令特别助理时，他毅然辞去这个让人羡慕的职务去一家小公司供职。他这样做，正是为了完成自己计划的第三步任务。由于乔治本人的努力，他终于实现了自己设计的目标，坐上了利敦微波公司的头把交椅。

人生设计对一个人的成长和发展至关重要。众多成功者的经验证明，人生是需要设计的，人生是可以设计的，有无人生设计对于一生事业的发展和生活质量的提高极为重要。没有人生规划的人，一般来说是难以成就大业的。

一些企业在面试时的第一个问题往往是"你能描绘一下三年（或五年）以后你的事业上的情景吗？"有的人却想，世事无常，谁能料到今后三年或是五年的事情呢。其实，"人生设计"的理念要求的是在人生的每一分钟里，都要有坚定的、清晰的奋斗目标。这个目标并不需要一生不变，是可以根据情况不断调整的，我们可以规划人生，预知自己的未来，适当调整自己的人生轨道，实现自我价值，获得如意人生。

人生定位是人生发展规划的第一步。人生定位是确认自己人生的理想和目标，即确认你自己应当成为什么样的人，不同的人、不同的情形会有不同的定位。

人生发展策略规划则是人生发展规划的第二步。人生策略规划是人们通过什么样的方法或途径取得成功。诸葛亮先是长期躬耕垄亩，然后是结交至友，借助师友和自我宣传推广自己，以便声播天下，择良主而侍。这就是诸葛亮的人生发展策略。

分解人生发展阶段、制定各阶段目标措施则是人生发展规划的第三步。在此基础上，我们还必须制订详细的年度奋斗计划，在不同的时期，需要实现的阶段性目标不同，实现目标的措施也不同，目标越清晰越好，对目标的界定越明确越好。

人生如大海航行，人生规划就是人生的基本航线，有了航线，我们就不会偏离目标，更不会迷失方向，才能更加顺利和快速地驶向成功的彼岸。有了规划，还要知行合一，持之以恒地实施人生规划，方能真正创造出如你所愿的美好人生。

人性中有一种渴望高飞、自由体验生命的倾向，我们可以通过人生规划来引导这份力量，充分发挥个人聪明才智，取得成就，实现个人价值。让你的成功从人生设计开始吧！

我们可以规划人生，预知自己的未来，适当调整自己的人生轨道，实现自我价值。

规划在于不断完善

每个人来到世上，如同一枚离弦的箭，不容回头，只能向前，最终落入人生的终点。

有了方向，我们的生命之箭就能飞达目的地吗？不一定，因为会受到风向、风速或者其他不利因素的影响。我们需要对这些不利的影响进行修正，生命之箭才能击中目标。

世界著名成功学大师安东尼·罗宾曾经请了一位调音师到家里给孩子的钢琴调音。这位调音师技能高超，仔细地锁紧了每一根琴弦，使它们都绷得恰到好处，能够发出正确的音符。

调音师完成整个调音工作后，罗宾问他要付多少钱。调音师笑一笑说："不急，等我下次来的时候再付吧！"罗宾不解地问道："下次？你这是什么意思？"调音师说："明天我还会再来，然后一连4个星期每周来一次，再接下来每3个月来一次。"

罗宾听了一头雾水，不由得问道："钢琴不是已经调好音了吗？难道还有问题？"调音师清了清喉咙说道："我是调好音了，可是那只是暂时的，要让琴弦能保持在正确的音符上，就必须继续调整，所以我得再来几次，直到这些琴弦能始终维持在适当的绷紧程度。"

听完他的话，罗宾不禁感叹："原来调琴还有这么大的学问！"

那天，调音师给罗宾上了重要一课。如果我们希望目标能维持长久直至实现，那就得像钢琴的调音工作一样不断地修正。在追求的过程中，要时时注意不要让自己偏离方向，在任何时候都必须做好发现、改善和修正的准备。

就像从地球发射火箭到达月球，火箭飞向月球的整个过程中，只有3%的时间是在完全朝向月球的轨道上，没有丝毫偏移，在其余97%的时间里则一直都在修正，才能最终飞抵月球。

人生也是如此，我们从开始订立人生目标，一直朝着这个目标努力，可能因为各种无法预测或无法控制的因素而导致路线出现偏差。人生路线的偏离如果不及时修正，我们就会离开正确的轨道越走越远。

所以，在追求成功的过程中，及时地发现和修正偏差是必不可少的。作家米兰·昆德拉曾说："每粒种子，都有适合自己生长的土壤。"因此，我们要做的就是不断地追求那种最适合自己生长的土壤。

人生犹如一张设计图，你开始为自己进行的设计不一定是最好的，需要你在前行的道路中不断修正和改变，最终达到完美。在人生漫漫旅程中，我们需要不断修正自己的方向才能到达终点。人生

需要总结，在不断地总结过程中得到提高。

每一个人都有机会发现人生的问题，但并不是都能及时作出适当的修正。即使你具有高超的洞察力，早早发现了问题，如果没有作出修正就没有任何的意义和价值。因此，在生命成长的过程中，最重要的事情不应该是发现问题，而是在发现的那一刻就作出了修正。

发现人生偏差的那一刻，就是你提升自我生命品质的最佳时刻。不论何时，不论你发现自己的人生出现了多么大的偏差，只要立即进行修正，那么你的人生就可以找到更正确的发展方向和更好的经营方法。

生活总是在不断地提醒我们，当我们困惑、迷惘、沮丧、不快乐时，当我们遭遇到各种困难和挫折时，那就是生活向我们发出警报，我们正在偏离生命的轨道。面对这些警告我们不应该惧怕，我们完全有能力弥补和改善，只要我们具有发现的思维和意识，具有改变和修正的勇气及行动力。

人生的脚步是需要不断修正的，这样才是最合适你的人生选择。我们每作出一次正确的选择，人生的道路就会为之改变，生活的品质也就为之提升。这个道理适用于你的家庭、事业，人生的任何一个方面。

人生是一个漫漫的旅程，需要不断修正自己的方向才能得以到达最终的终点。

不要为梦想迷失了方向

罗曼·罗兰说:"人生不是旅行,不出售来回票,一旦动身便很难返回。"无论是欢乐的一章,还是痛苦的一页,一旦发生便无法更改。因此,我们应该把握好人生的方向,走好人生的每一步。

美国纽约最著名的牧师内德·兰塞姆享有极高的威望。他一生一万多次到临终者的床前聆听临终者的忏悔,不知感化过多少人。兰塞姆始终默默地工作着,用自己崇高的精神无怨无悔地帮助着别人,得到了许多人的信任。

1962年,兰塞姆已经84岁了,由于年龄的关系已无法走近需要他的人。他躺在教堂的一间阁楼里,打算用生命的最后几年写一本书,把自己对生命、对生活、对死亡的认识告诉世人。他多次动笔,都感觉到没有说出他心中要表达的东西。

有一天,一位老妇人来敲他的门,说她的丈夫快要不行了,临终前很想见他。兰塞姆不愿让这位远道而来的妇人失望,在别人的搀扶下去了。

临终者是一位布店老板,已经72岁,年轻时和著名音乐指挥家卡拉扬一起学吹小号。他说当时自己非常喜欢音乐,他的成绩远在卡拉扬之上,老师非常看好他的前程。可惜他20岁时迷上了赛马,把音乐荒废了,要不然他可能是一个相当不错的音乐家。现在生命快要结束了，一生庸碌，他感到非常遗憾。他告诉兰塞姆，到另一个世界以后，他决不会再做这样的傻事，他请求上帝宽恕他，再给他一次学习音乐的机会。

兰塞姆很理解他的心情，尽力安抚他，答应回去后为他祈祷，并告诉他，这次忏悔使他也很受启发。临终者得到兰塞姆的理解和安慰后，便感到心满意足了。

兰塞姆回到教堂后，拿出他的60多本日记，决定把一些人的临终忏悔编成一本书。他认为无论如何论述生死，都不如这些话带给人们以启迪。他起的书名叫《最后的话》，书的内容也从日记中圈出。1972年芝加哥麦金利影印公司付印该书时，芝加哥大地震发生了，兰塞姆的63本日记毁于火灾。

《基督教科学箴言报》非常痛惜地报道了这件事，把它称为基督教世界的"芝加哥大地震"。兰塞姆也深感痛心，他知道凭他的余年是不可能再回忆出这些东西了，因为那一年他已是90高龄。

在这个悲痛的时刻，几乎所有得到过兰塞姆帮助的人都前来看望他，并带来了用金钱都无法买到的真心的感激和安慰，这使年迈的他很是欣慰。因此，他在临终前对身边的人说，圣基督画像的后面有一只牛皮纸信封，那里有他留给世人的"最后的话"。

兰塞姆去世后，葬在新圣保罗大教堂。他的墓碑上工工整整地刻着他的手迹：假如时光可以倒流，世上将有一半的人成为伟人……

人生是不断选择的过程，你必须慎重，走好脚下的每一步。人生不能迷失方向，不能走错路，生命不会给你太多改过的机会。

燕子去了有再来的时候，杨柳枯了有再青的时候，桃花谢了有再开的时候。但是，青春的列车永不回头。青春不是太阳，今天落了明天又照常升起，青春的花季一逝而不返。

人生如棋，关键时走错一步，则导致步步错，最终是满盘皆输的悲惨结局。人生有一足失成千古恨之说，我们面对人生一定要如临深渊、如履薄冰，时时警惕自己不要走错路。

人生是不断选择的过程，你必须慎重，走好脚下的每一步。人生不能迷失方向，不能走错路，生命不会给你太多改过的机会。

赎回自己的梦想

著名诗人纪伯伦说："我宁可做人类中有梦想有愿望的最渺小的人，而不愿做一个伟大的没有梦想没有愿望的人。"我们经常说"现在决定未来"，其实应该说"未来决定现在"。梦想的意义正在于此。每个人的目标、梦想就是自己的宝贝，没有人会比自己更重视、保护它，并且为它奋斗，千万不要期待他人，你必须自我要求。

芝加哥市一位名叫赛尼·史密斯的中年男子，向当地法院递交了一份诉状，要求赎回自己去埃及旅行的权利。因为它涉及的内容非同寻常，立刻引起了人们极大的关注。

事情发生在40年前，当时赛尼·史密斯才6岁，在威灵顿小学读一年级。有一天，品行课老师玛丽·安小姐给学生们布置作业，让大家各自说出一个未来的梦想。全班 24 名同学都非常踊跃，尤其是赛尼，他一口气说出两个：一个是拥有自己的一头小母牛，另一个是去埃及旅行一次。

当玛丽·安小姐问到一个名叫杰米的男孩时，不知为什么，他竟一下子没想出梦想，因为他所想到的，别人都说了。为了让杰米也拥有一个自己的梦想，玛丽·安小姐建议杰米向同学购买一个。于是，在老师的见证下，杰米就用 3 美分向拥有两个梦想的赛尼买了一个。由于赛尼当时太想拥有一头自己的小母牛了，于是就让出第二个梦想——去埃及旅行一次。

40 年过去了，赛尼·史密斯已人到中年，并且在商界小有成就。40 年来，他去过很多地方——瑞典、丹麦、希腊、沙特、中国、日本，然而他从来没有去过埃及。难道他没想过去埃及吗？想过，据他说，从他卖掉去埃及的梦想之后，他就从来没忘记过这个梦想。然而，作为一个虔诚的基督徒和一个诚实的商人，他不能去埃及，因为他已经把这个梦想卖掉了。

现在，他和妻子打算到非洲去旅行，在设计旅行线路时，妻子把埃及的金字塔作为其中的一个重点观光项目。赛尼·史密斯再也忍不住了，他决定赎回那个梦想，因为他觉得只有那样，他才能坦然地踏上那片土地。

可惜的是，赛尼·史密斯没有如愿。经联邦法院认定，那个梦想已经价值 3000 万美元，赛尼·史密斯要想赎回去，就必须倾家荡产。其中的缘由，从杰米的答辩状中可以略知一二。

杰米是这样说的：

"在我接到史密斯先生的律师送达的副本时，我正在打点行装，准备全家一起去埃及，这好像是我一口回绝史密斯先生要求赎回那个梦想的理由。其实，真正的理由不是我们正准备去埃及，而是这个梦想本身的价值。

"小时候我是个穷孩子，穷到不敢拥有自己的梦想。然而，自从我在安小姐的鼓励下，用3美分从史密斯先生那里购买了这个梦想之后，我彻底改变了，我的心灵变得富有了。我不再淘气，不再散漫，不再浪费自己的光阴，我的学习有了很大进步。我之所以能考上华盛顿大学，我想完全得益于这个梦想，因为我想去埃及。我之所以能认识我美丽贤惠的妻子，我想也是得益于这个梦想，她是一个对埃及文明着迷的人。如果我不是购买了那个梦想，我们绝不会在图书馆里相遇，更不会有一段浪漫迷人的恋爱时光，也不会有现在的幸福生活。

"我的儿子现在在斯坦福大学读书，我想也是得益于这个梦想，因为从小我就告诉他我有一个梦想，那就是去埃及，如果你能获得好的成绩，我就带你去。我想他就是在埃及金字塔的召唤下，走入斯坦福大学的。现在我在芝加哥拥有6家超市，总价值超过2500万美元。我想，如果我没有那个去埃及旅行的梦想，我是绝对不会拥有这些财富的。

"尊敬的法官和陪审团的各位女士、先生们，我想，假如这个梦想属于你们，你们也一定会认为它已经融入了你们的生命之中，已经和你们的生活、你们的命运紧密相连。你们也一定会认为，这个梦想就是你们的无价之宝。"

梦想就是希望，就是力量！梦想是滋润小草的雨露，是鸟儿飞翔的翅膀，没有梦想，希望的种子就会枯萎，生命的道路也将漫长而迷茫。

为梦想去勇敢追寻

生活中，人们总有一个梦想去追求，总有一份希望在远方时隐时现。人生的意义就是追求自己的梦想。

因为有了梦在心中发芽，我们热血沸腾、努力向上、积极进取，只为梦想成真；因为梦在心中，我们跌倒了爬起来，失败了从头再来，直到成功，直到梦在心中欢跃！

成功开始于梦想。当你在为事业拼搏之初，你的梦想离自己的现状可能还有着较远的距离，恐怕只能隐隐约约地看到。有了远大的理想，你达不到目的就不会满足，就会永远不停息地走下去，直至进入最为理想的人生境界。

人生中有很多事情是可以轻而易举实现的，但人生中有更多的事情需要长久地坚持才能成功，没有坚持的过程，永远也达不到理想的彼岸；没有坚持，梦想会变得更加遥远。无论前路开满鲜花还是布满荆棘，无论前路坎坷不平还是平坦无阻，我们都要把握今天，踏着脚下的路，寻找属于自己的梦！

哥伦布还在求学的时候，偶然读到一本毕达哥拉斯的著作，知道地球是圆的，他就牢记在脑子里。

经过很长时间的思索和研究后，他大胆地提出，如果地球真是圆的，他便可以经过极短的路程而到达印度了。只可惜他家境贫寒，没有钱让他实现这个冒险的理想。

他启程去见皇后伊莎贝拉，沿途穷得竟以乞讨糊口。皇后赞赏他的理想，并答应赐给他船只，让他去从事这种冒险的工作。水手们都怕死，没人愿意跟随他去。哥伦布请求皇后释放了狱中的死囚，承诺他们如果冒险成功，就可以免罪恢复自由。

1492年8月，哥伦布率领三艘帆船，开始了一个划时代的航行。在浩瀚无垠的大西洋中航行了六七十天，也不见大陆的踪影，水手们都失望了，他们要求返航，否则就要把哥伦布杀死。哥伦布用鼓励和高压的手段，总算说服了船员。

在继续前进中，哥伦布忽然看见有一群飞鸟向西南方向飞去，他立即命令船队改变航向，紧跟这群飞鸟。因为他知道海鸟总是飞向有食物和适宜它们生活的地方，所以他预料到附近可能有陆地。哥伦布果然很快发现了美洲新大陆。

脚不能到达的地方，眼睛可以到达；眼睛不能到达的地方，心可以飞跃。如果一个人自信地朝梦想的方向前进，以破釜沉舟的勇气争取他梦想的生活，成功就会在他意想不到的时刻突然降临。

梦在心中，路便在脚下延伸。只要心在赶路，还有什么样的终点无法抵达呢？为了心中的梦，我们要勇敢地开拓一条属于自己的路。

第二章
保持谦卑才能离幸福更近

谦逊是一种智慧，是一种良好的品格。任何人都不会对骄傲与狂妄之人产生好印象，更不愿与他们交往。因此，一个懂得谦逊的人，才能赢得人们的尊重，受到人们的欢迎。

在谦逊中找回自己的坐标

子贡是孔子门中的恃才自傲者,他学识渊博、反应敏捷、口才出众,自以为是个全才,也非常希望像宓子贱那样,让孔子肯定自己为君子。孔子知道子贡有辩才又能尊师,认为子贡以后必成大器,但是他又看到子贡善辩而骄、多智少恕,只能称得上是一块瑚琏。瑚琏是宗庙的一种用来盛粮食的贵重华美的祭器。孔子借此比喻子贡还没有达到高级别的"器",还需要继续加强修养。

恃才自傲者,通常表现为妄自尊大、自命不凡、肆无忌惮、目中无人。只要有机会标榜自己,就会抓住不放,大吹大擂、口出狂言,常会给人一种趾高气扬、傲慢无礼的感觉,仿佛周围人都是一些鼠目寸光、酒囊饭袋之辈,全不把他们放在眼里。这也是人们常说的"狂妄"。

狂妄与骄傲不同。骄傲通常是对自己的长处自吹自擂、自高自大。尽管骄傲也有夸大的虚假成分,即夸大自己的长处,但绝不会把自己夸大到肆无忌惮、恣意妄为的程度,也绝不会达到口出狂言、放肆无礼的程度;而狂妄则是极端的骄傲,完全是目中无人,得意时忘形,不得意时照样忘形。

祢衡是东汉末年的一位名士,很有才华,但他也很狂妄。当时,曹操为了扩大自己的实力,急欲招募一些有才能的人为自己效力。求贤若渴的曹操听说祢衡有才，就想将他招为自己的属下。可祢衡却看不起曹操，不仅不肯来，还说了许多不敬的话。曹操知道后虽然十分生气，但因爱惜他的才华，就没有杀他。曹操听说祢衡会击鼓，便强令他到自己的麾下做一名鼓吏。

有一天，曹操大宴宾客，就让祢衡击鼓，并特意为他准备了一套青衣小帽。当祢衡穿着一身布衣来到席间时，从官大声呵斥："你既是鼓吏，为什么不换衣服？"

祢衡马上就明白了，这是曹操在整自己，于是不慌不忙地脱了外衣，又脱下内衣，最后就当着满堂宾客，一丝不挂地裸身而立，然后才慢慢地换上曹操为他准备的鼓吏装束，击了一通《渔阳三弄》。曹操再三容忍，始终没有发作。

曹操并没有死心，又一次备下盛宴，要召见祢衡，并准备好好款待他。可狂傲的祢衡并不领情，还手执木杖，站在营门外大骂。看到这样的情况，曹操的从官都要求曹操杀了他。曹操这一次也很生气，但为了自己的名声，只得说："我要杀祢衡，就像踩死一只蚂蚁那么容易，只是因为这个人有点虚名，我如果杀了他，天下之人定会以为我不能容他。不如把他送给刘表，看刘表怎么处置他吧？"

刘表当时正做荆州的太守，他很明白曹操的意图，就是想借他的手除掉祢衡。他也不愿落个杀才士的恶名，不得已，只好将祢衡送给了江夏太守黄祖。

黄祖可不像曹操、刘表那样，他的脾气很暴躁，也不图那种爱才的美名，碰到像祢衡这样的狂妄之人，自然是与他水火不容。

一次，黄祖在一艘大船上宴请宾客，祢衡出言不逊，黄祖呵斥他，祢衡竟然盯着黄祖的脸说："你整天绷着一张老脸，就像一具行尸走肉，你为什么不让我说话呢？"

黄祖可没曹操那样的气量，一气之下，便将祢衡斩首了。这就是祢衡狂妄的最终下场。

如祢衡一般狂妄的人在历史上有很多。三国时期的杨修，是有名的聪明人，但最终落得让曹操"喝刀斧手推出斩之，将首级号令于辕门外"的悲惨结局，究其原因，乃是"为人恃才放旷，数犯曹操之忌"，可以说是"聪明反被聪明误"，空负聪明而无智慧；韩信是一个军事天才，也是一个不折不扣的聪明人，但他恃才放旷，最后落得功成身死的下场。

有些错误是在无知中产生的，还有些错误是由我们的骄傲自大引发的，被胜利冲昏了头脑，评判事物的标尺就会失衡。所以，即便是取得了一定成就的人，也不应该自鸣得意和沾沾自喜。

不论是属于意外的幸运，还是经过长期奋斗而终于取得的成功，心中充满巨大的快乐，以致一时间欣喜若狂都是可以理解的，因为人生中还有什么比成功更值得高兴的事情呢？但是如果一个人因一次成功，从此就一直这么欣喜若狂，自以为高人一等，到处显耀自夸，总是表现出一种优胜者的得意忘形和骄傲自满，人们也绝不会敬佩他，而只会鄙视他。

如果自鸣得意者只是有一种优胜者良好的自我感觉，而且能以此感觉而不停顿地勇敢向前奋进，这当然是一种美好的心理状态。在这种心理状态下，他可以不断地取得新的成功。但是一般来说，不谦虚的人很难把自己的感觉控制在这个境界。恰恰相反，他只是自以为很了不起，而不知道天外有天、人外有人。

在现实生活中，就不乏"狂妄"者：他对工作和学习都不怎么认真，取得的成绩当然也就比不过那些努力踏实的人，但他就是不肯承认自己的错误和缺点，总认为别人花在工作和学习上的时间多，所以成绩比自己好，对别人取得好成绩非但不服气，反而硬要"狂妄"地认为自己就是比别人强。这种"狂妄"是完全不正视自己的缺点和错误的"狂妄"，是完全不理智也不现实的"狂妄"，其实质就是"极端盲目的自高自大"。这种"狂妄"对我们的任何工作和学习都不会有任何好处。在现实生活中，这种"狂妄"者还确实不少，它不但给自身造成巨大危害，同时也给周围的人群和团体，乃至社会和人民造成巨大危害。这种"狂妄"危害如此之大，肯定是要不得的，在我们的灵魂深处，不应该有它的位置。

欲成大事，则应遇事多思考，全面地分析问题，不可自恃聪明，不可轻视每一个对手，不可错过每一个细节，不可放过每一个机会。面向未来，才能实现对自我的超越。

如果我们能够把自我放在这样一个不断被超越的境地，我们就会迎来"一个比一个更美丽动人的自我"，使我们的生命总是呈现为一种全新的状态。这样，一切自鸣得意、骄傲自满和高人一等的情绪就会烟消云散，最后使我们不得不在谦逊中找回自己的坐标。

牢记自满招损

即使成名成家也要谦和礼让,一方面,名是相对的,知识是无止境的,满招损,谦受益;另一方面,如果你居功自傲,狂妄自大,别人也不会理你那一套。《王阳明全集》卷八中这样写道:"今人病痛,大抵只是傲。千罪百恶,皆从傲上来,傲则自高自是,不肯屈下人。故为子而傲必不能孝,为弟而傲必不能悌,为臣而傲必不能忠。"因此狷狂必忍,否则害人害己。

如何忍傲忍狂,王阳明认为,狷狂、傲慢的反面是谦逊,谦逊是对症之药,真正的谦虚不是表面的恭敬、外貌的卑逊,而是发自内心认识到狷狂之害,发自内心谦和。自我克制、审明进退,常常能发现自己不如别人的地方,虚心地接受别人的批评指正,虚以处己、礼以待人。不自是、不居功,择善而从、自反自省、忍狂制傲,方可成大事。

如果你骄傲自满、狂妄自大、道德不修,即便是亲近的人也会厌恶你,离你远去。古代像禹、汤这样道德高尚的人,尚怀自满招损的恐惧,那么普通人的德性与之相比差得更远,怎么能够不去克制自己的狂妄、自满之心呢?

但是,世间又有多少人能够明白这个道理呢?关羽是智勇双全的人物,但也有自满之风。他出师北进,俘虏了魏国将军于禁,并将征南将军曹仁围困在樊城。

镇守陆口的吴国大将吕蒙回到建业，称病要休养，陆逊去看望他。两个人谈论起国事兵事，陆逊说："关羽节节胜利，经常侵凌别人，现在他又立下了大功，就更加自负自满，又听说你生了病，对我们的防范就有可能松懈下来。他一心只想讨伐魏国，如果此时我们出其不意地进攻，肯定能打他个措手不及。"后来吕蒙向孙权推荐陆逊，代替自己前去陆口镇守。

年轻的陆逊一到陆口，马上给关羽写信："前不久您巧袭魏军，只用了极小的代价，便获得了很大的胜利，立下了赫赫战功，这是多么了不起的事！敌军大败，对我们盟国也是十分有利的。我刚来这里任职，没有经验，学识也浅薄，一直很敬仰您，故恳请指教。"又吹捧关羽说，"以前晋文公在城濮之战中所立的战功、韩信在灭赵中所用的计策，也无法与将军您相比。"

这些吹捧使关羽大意自满，对吴国放心了。而陆逊暗中加紧准备，条件具备后，大军到达，便立刻攻下了蜀中要地南郡，擒杀了关羽。

如果一个人喜欢自大自夸，就算是有了一些美德，有了一些功劳和成绩，也会丧失掉。过分炫耀自己的能力，看不起他人的工作，就会遭遇失败。

别以为自己很重要

在现实生活中，有些人习惯以自我为中心，总把自己看得太重，而偏偏又把别人看得太轻；总以为自己博学多才、满腹经纶，一心想干大事、创大业；总以为别人这也不行，那也不行，唯独自己最行。一旦失败，就会牢骚满腹，觉得自己怀才不遇。自认怀才不遇的人，往往看不到别人的优秀；愤世嫉俗的人，往往看不到世界的精彩。把自己看得太重的人，心理容易失衡，个性往往脆弱却盛气凌人，容易变得孤立无援、停滞不前。

把自己看得太重的人，常常表现得使人难以理智：总以为自己了不起，不是凡间俗胎，恰似神仙降临，高高在上、盛气凌人；总以为自己是个能工巧匠，别人不行，唯有自己最行；总以为自己的工作成绩最大，记功评奖应该放到自己头上……

把自己看得太重的人，容易使自己心理失衡、个性脆弱、意志薄弱；容易使自己独断骄横、跋扈傲慢、停滞不前。

看轻自己，是一种风度，是一种境界，更是一种修养。把自己看轻，需要淡泊的志向、旷达的胸怀、冷静的思索。

善于把自己看轻的人，总把自己看成普通的人，处处尊重别人；总觉得群众是最好的老师，自己始终是个小学生；即使自己贡献最大，也不居功自傲，处处委曲求全，为人谦虚和蔼。

把自己看轻，绝非一般人所能做到。它是光明磊落的心灵折射，它是无私心灵的反映，它是正直、坦诚心灵的流露。

把自己看轻，绝不是去鄙视自己、去压抑自己、去埋没自己，绝不是要你去说违心的话，绝不是要你去做违心的事，绝不是要你去理不愿理的烦恼。相反，它能使你更加清醒地认识自己、对待自己，不以物喜，不以己悲。它并不是自卑，也不是怯弱，它是清醒中的一种经营。

20世纪美国著名小说家和剧作家布恩·塔金顿有一次应邀参加红十字会举办的艺术家作品展览会。会上，一个小女孩让布恩·塔金顿签名，布恩·塔金顿欣然地接受了。他想，自己这么有名，小女孩肯定会喜欢他的签名，但当小女孩看到他签的名字不是自己崇拜的明星的时候，小女孩当场就把布恩·塔金顿的留言和名字擦得一干二净。布恩·塔金顿当时很受打击，那一刻，他所有的自负和骄傲便瞬间化为泡影。从此以后，他开始时时刻刻地告诫自己：无论自己多么出色，都别太把自己当回事！

名人尚且如此，何况我们这些平凡之辈？或许，你所听到的那些夸赞你的话语只不过是一场游戏中需要的一句台词而已。等游戏结束，你应该马上清醒，摆正自己。我们应该知道，我们只不过是在扮演生活中的一个角色罢了。曲终人散后，卸下所有的妆，你会发现剩下的只有满身的疲倦，所有的掌声、鲜花、微笑，都只不过是游戏中必备的道具罢了。

为人处世，不妨看轻自己，生活中就会多几分快乐。

在生活中，我们要学会看轻自己：在家庭中，不妨看轻自己，不把自己当成"一言九鼎"的家长，才能更好地与孩子沟通、与爱人和睦相处；在事业上，即使春风得意，也不妨看轻自己，不要把自己当成众人之上的"楚霸王"，这样才能结交更多志同道合的盟友，听取更多有益于事业发展的意见；在朋友圈子里，不妨看轻自己，才能结识到推心置腹的挚友，让自己时刻保持清醒的头脑。总之，把自己看轻，才能飞越坎坎坷坷，拥有和谐的人生！

我们是不是太在意自己的感觉？譬如，你走路时不小心摔了一跤，惹得别人哈哈大笑。当时你一定觉得很尴尬，认为全天下的人都在看着你，但是，如果你试着站在别人的角度考虑一下，就会发现，其实，这事不过是他们生活中的一个插曲而已，有时甚至连插曲都算不上，他们哈哈一笑，一回头也就把这事给忘了。

在匆匆地走过的人生路途后，我们不过是路人眼中的一道风景，对于自己第一次的参与、第一次的失败，完全可以一笑置之，不必过多地纠缠于失落的情绪之中。你的哭泣只会提醒别人：重新注意到你曾经的失败。你笑了，别人也就忘记了。

有句话说："20岁时，我们总想改变别人对我们的看法；40岁时，我们顾虑别人对我们的想法；60岁时，我们才发现，别人根本就没有想到我们。"这并非消极，而是一种人生哲学——不妨学会看轻你自己，轻装上阵，没有负担地踏上漫漫征程，你的人生路途或许会更通畅。

一个自以为很有才华的人一直得不到重用，为此，他愁肠百结，异常苦闷。有一天，他去质问神："神，命运为什么对我如此不公？"神听了沉默不语，只是捡起一颗不起眼的小石子，并把它扔到乱石堆中。神说："你去找回我刚才扔掉的那个石子。"结果，这个人翻遍了乱石堆，却无功而返。这时候，神又取下了自己手上的那枚戒指，然后以同样的方式扔到了乱石堆中，结果，这一次他很快便找到了他要找的东西——那枚金光闪闪的戒指。神虽然没有再说什么，但是他却一下便省悟了：当自己还只不过是一颗石子，而不是块金光闪闪的金子时，就永远不要抱怨命运对自己不公平。

有许多人都有和这位年轻人一样的心理，觉得自己是这个单位、这个部门里最重要的人物，哪里缺了自己就不行，就好像地球离开他就不能转动了一样。因为自己很重要，所以其他人必须以他为中心，围绕着他转。其实不是这么回事，地球离了谁都照常转动不误。

要正视社会现实，社会上的每个人都有其各自的欲望与需求，也都有其权利与义务，这就难免会出现矛盾，不可能人人如愿。这就要求人人正视客观现实，学会礼尚往来，在必要时作出点让步。当然，应该承认自我的权利与欲望的满足，但也不能只顾自己，忽视他人的存在。如果人人心目中都只有自我，那么，事实上，人人都不会有好日子过的。

从自我的圈子中跳出来，多设身处地地替其他人想想，以求理解他人。学会尊重、关心、帮助他人，这样才可获得别人的回报，从中也可体验人生的价值与幸福。

加强自我修养，充分认识到自我中心意识的不现实性与不合理性及危害性。学会控制自我的欲望与言行，把自我利益的满足置身于合情合理、不损害他人的可行的基础之上。做到把关心分点给他人，把公心留点给自己。

看到自己的无知才是真知

一次，古希腊哲学家捷诺的学生问他："老师，您的知识比我们渊博，您回答问题又十分正确，可是，您为什么对自己的解答总是有疑问呢？"捷诺用手在桌上画了大小两个圆圈，说道："大圆圈的面积代表我的知识，小圆圈的面积代表你们的知识。我的知识比你们多，但是这两个圆圈的外面，就是你们和我无知的部分。大圆圈的周长比小圆圈的长，因而我接触到的无知的范围比你们多，这就是我为什么常常怀疑自己知识的原因。"

我们可以用一个形象的比喻来理解捷诺的回答：当你还小，待在家的时候肯定不会感觉到世界之大，这时你是一只井底之蛙。但是，当你长大了，因为求学来到了其他省，你就会感觉到中国好大啊！后来，当你出了国，你又会感叹世界真大啊！而知识渊博的天文学家会感叹宇宙真大啊！就是这样，你接触的知识越多，学习的范围越广，你就越会发现自己知道的少了。

无论是谁，他所掌握的，都只是知识海洋里微乎其微的一小部分。然而在现实中，能够认识到这一点的人却很少。

有一天，苏格拉底遇到一位年轻人正在宣讲"美德"，苏格拉底便装作无知者的模样，向年轻人请教说："请问，什么是美德呢？"

那位年轻人不屑地答道:"这么简单的问题你都不懂?告诉你吧——不偷盗、不欺骗之类的品行就是美德。"

苏格拉底继续装作不解地问:"难道不偷盗就是美德吗?"

年轻人肯定地答道:"那当然啦!偷盗肯定不是。"

苏格拉底始终不紧不慢地说:"我在军队当兵的时候,记得有一次,我接受指挥官的命令,深夜潜入敌人的营地,把他们的兵力部署图偷出来了。请问,我的这种行为是美德还是恶德?"

那位年轻人犹豫了一下,辩解道:"偷盗敌人的东西当然是美德。我刚才说的'不偷盗',是指'不偷盗朋友的东西'。偷盗朋友的东西,那肯定是恶!"

苏格拉底又说:"还有一次,我的一位好朋友遭到了天灾人祸的双重打击,他对生活绝望了,于是买来一把尖刀,藏在枕头下边,准备夜深人静的时候,用它来结束自己的生命。我得知了这个消息,便在傍晚时分溜进他的卧室,把那把尖刀偷了出来,使他免于一死。请问,我的这种行为究竟是美德还是恶德?"

那位年轻人终于认识到自己的无知,承认自己在"美德"这个问题上,只不过接受了传统的见解而没有深入地进行思考。

苏格拉底提出"人应该知道自己的无知",意思是说,人类所具有的聪明智慧其实是微不足道的,许多自以为有智慧的人实际上并没有多少智慧。每个人都必须认识到这一点,时刻提醒自己,千万不要以"智者"自居。真正有学识的人尚且觉得自己无知,更何况经历尚浅的人呢。

一个人只有了解得越多,他才会认识到自己知道得越少。剑桥大学的一个学生认为自己已"学有所成",去向老师辞行,这位老师深知这位学生的功底，看着这位"学有所成"的学生，老师慨然道："事实上，你才刚刚入门！"

浅薄的人总以为自己天上地下无所不知，而富有智慧的哲人和有成就的人都会认为学海无涯，知识的海洋是无穷无尽的。伟大的物理学家牛顿也曾有感于此，他说，他只不过是一个在大海边拾到几只贝壳的孩子，而真理的大海他还未曾接触。

自认为学识丰富的人，由于对自己盲目自信，大多不容易接受别人的意见，尤其是那些处于领导岗位的人，他们往往强迫别人接受自己错误的判断，或擅自作决定。

为了避免上述情况发生，随着知识含量的增加，你必须要更加谦虚。即使谈到自己认为很有把握的事，也要以谦和的态度阐明自己的观点，在陈述自己的意见时，切勿太武断。若想说服别人，就先仔细倾听对方的意见，如果你在某一方面没有真才实学，那么，最好的方式就是不要故意卖弄学问，用和周围的人同样的方式说话，不要刻意去修饰措辞，只要纯粹地表达内容即可。绝对不要以为自己有多么的了不起，或比周围的人更有学问。因为你周围那些说自己无知的人很可能就是知识渊博的学者，在他们面前卖弄学问只会自取其辱。

骄傲会使人变得无知

做人不可没有骨气，但是绝对不要有傲气，因为骄傲会使人变得无知，是一种可怕的不幸。现实中总有些傲气十足、自以为是的人，他们目光短浅，犹如井底之蛙，最终往往被现实的井壁碰得焦头烂额。

生活中，人最大的问题就是骄矜之气盛行。骄横自大的人不肯屈就于人，不能忍让于人。做领导的过于骄横，就不可能正确地指挥下属；做下属的过于骄傲，则难以服从领导的意志；做子女的过于骄矜，眼里就没有父母，自然就不会孝顺。

骄矜的对立面是谦恭、礼让。要忍耐骄矜之态，就必须不居功自傲，加强自我约束。要常常考虑到自己的问题和错误，虚心地向他人请教和学习。在克服骄傲自大方面，古人为我们做出了很好的榜样。

据《战国策》记载：魏文侯的太子击，在路上碰到了魏文侯的老师田子方，击下车跪拜，田子方不还礼。击大怒说："真不知道是尊贵者可以对人傲慢无礼，还是贫贱者可以对人骄傲？"田子方说："当然是贫贱的人对人可以傲慢，富贵者怎敢对人骄傲无礼？国君对人傲慢会失去政权，大夫对人傲慢会失去领地。只有贫贱者的计谋不被别人使用，行为又不合于当权者的意思，不就是穿起鞋子就走吗？到哪里不是贫贱？难道他还会怕贫贱？会怕失去什么吗？"太子见了魏文侯，就把遇到田子方的事说了，魏文侯感叹道："没有田子方，我怎能听到贤人的言论？"

富贵者、当权者自身本来就容易有骄傲之势，看不起地位不如自己的人，但是作为统治者，如果不能礼贤下士、虚心受教，他就可能因为自己的骄矜之气而失去政权，富贵者则可能因此而失去自己的财势。

咄咄逼人的处世方式并不是明智的选择，我们不光自己要懂得适当地忍耐，也要善于接受对方提出的委曲求全的请求。对方提出诚恳的请求，表示他有力不从心之处，需要喘息，如果你非要逼着他硬拼，他可能做最后的反击，用尽全力和你拼命，那么即使你能取胜，代价也会相当大。因此，适当地"忍耐"和接受对方的忍耐，可创造"和平"的时间和空间，而你也可以利用这段时间来引导"敌我"态势的转变，维持现状或争取时间，作积极的准备，准备再次的较量。

以退为进，由低到高，这既是自我表现的一种艺术，也是自下而上竞争的一种方略。跳高时，离跳高架很近，想一下子就跳过去并不容易。如果能后退几步，再加大冲力，成功的希望就更大。人生的进退之道就是这样。

志趣高洁，生性淡泊，方能做到"忍"；慎独自律，自控自强，方能体现"忍"。总之，生活中，你只有忍住心中的傲气，才能有机会获得更大的成功。

总把自己当珍珠，就有被埋没的痛苦

年长的人总忘不了给那些踌躇满志的年轻人以忠告：在人生的道路上，要把自己看轻些。这忠告尽管包含了几分沧桑，但更多的是对自我的超越。它不是自卑，也不是怯懦，而是清醒中的一种苦心的经营。

谁不想让自己的人生放出夺目之光？人往高处走，水往低处流，这该是必然的规律。只是每个人虽都有良好的愿望，但不一定人人都能够到达成功的彼岸。因为它还取决于自我对人生的理解、对人生的把握、对人生作出的应有的姿态。

一个自以为是的人往往看不到别人的优秀与成绩；一个沉湎于愤世嫉俗的人往往看不到世界的精彩与繁华。只有把自己看轻些，才会不断地自我否定，不断地提高自身修养；才会在挑战面前，自信沉着，冷静对待；才会在挫折面前，一笑了之，屡败屡战。当阳光驱散最后一丝阴云，你会发现，看轻自己是一种多么超凡脱俗的境界：淡泊明志，宁静致远。

1775年6月，在波士顿郊区来克星顿和康科德的抗英战斗爆发后的几个星期，乔治·华盛顿被提名为大陆军总司令的候选人，并获大陆议会投票通过。然而，年仅34岁的华盛顿眼睛里闪烁着泪花，对人们说了这样一句话："这将成为我的声誉日益下降的开始。"

是啊，华盛顿获得提名后，并没有陶醉于荣誉中，相反，他首先考虑的是自己与大陆军总司令所必须具备的条件之间的差距，以及不排除别人在背后议论、指指点点等。这就使他对自己以后的工作提出了更高的要求。我们是不是可以这样说呢：他把自己的位置放在最低处，看轻自己，为他以后当选为大陆军总司令，和荣任美国第一届总统奠定了人格基础。

诗人鲁藜曾说道："如果在一个群体里，老把自己当作主角，别人不仅不会接受，反而会嘲笑你。"把自己看轻不是自暴自弃，也不是胆怯懦弱。看轻自己，你的谦逊必能为大家所折服。你越看轻自己，就越能被人看重。

看轻自我的人总不轻易放弃。他们深知，自己的成功是上天的安排，然而，是否去追求成功却在于自我的努力。

看轻自我的人总是不知足，对于成功总是低调却执着地追求。聪明睿智，守之以愚；功被天下，守之以让；勇力振进，守之以怯；富有四海，守之以谦。

看轻自我的人总是把过去的成功抛之脑后，在前进的道路上迈向更高的平台；看轻自我，是把面临的挑战作为一种潜在的动力，心静如水，勇敢地去迎接；看轻自我，是全身心地去展现自我，乐观、自信、充满活力。

所以，努力去做一个看轻自我的人，即使面临的将是一座难以攀登的高峰，也要以平和的心态去面对。别太拿自己当回事，其实是一种福分。

个性不必太张扬

年轻人可能都认为个性很重要，他们最喜欢谈的就是张扬个性。时下的种种媒体，包括图书、杂志、电视等，也都在宣扬个性的重要性。

我们可以看到，许多名人都有非常突出的个性：爱因斯坦在日常生活中非常不拘小节；巴顿将军性格极其粗野；画家梵·高是一个缺少理性、充满了艺术妄想的人。

名人因为有突出的成就，所以他们许多怪异的行为往往被社会广为宣传。有人甚至产生这样的错觉：怪异的行为正是名人和天才人物的标志，是其成功的秘诀。我们只要分析一下，就会发现这种想法是十分荒谬的。

名人确实有突出的个性，但他们的这种个性往往表现在创作的才华和能力之中，正是他们的成就和才华使他们特殊的个性得到了社会的肯定。如果是一般的人，一个没有多少本领的人，他们的那些特殊的行为可能只会得到别人的嘲笑。

年轻人为什么那么喜欢谈个性，那么喜欢张扬个性呢？我们先探讨一下年轻人所张扬的个性的具体内容是什么。

他们张扬的个性，相当一部分是一种习气，是一种希望自己能任性而为所欲为的愿望。年轻人有许多情绪，他们希望畅快地发泄自己的情绪，他们不希望把自己的行为束缚在复杂的条条框框中，所以年轻人喜欢张扬个性。

张扬个性肯定要比压抑个性舒服，但是，如果张扬个性仅仅是一种任性，仅仅是一种意气用事，甚至是对自己的缺陷和陋习的一种放纵的话，那么，这样的张扬个性对你肯定是没有好处的。

年轻人非常喜欢引用但丁的一句名言："走自己的路，让别人去说吧！"

但作为一个社会中的人，我们真的能这么"洒脱"吗？比如你走在公路上，如果仅仅走自己的路而不注意交通规则的话，警察就会来干涉你。如果你走路不注意安全，横冲直撞的话，还有可能出车祸。所以"走自己的路，让别人去说吧"这种态度，在现实生活中是不大行得通的。社会是一个由无数个体组成的人群，我们每个人的生存空间并不很大，所以，当你想伸展四肢舒服一下的时候，必须注意不要碰到别人。当我们张扬个性的时候，必须考虑到我们张扬的是什么，必须注意到别人的接受程度。如果你的这种个性是一种非常明显的缺点，你最好的选择还是把它改掉，而不是去张扬它。

我们必须注意：不要使张扬个性成为我们纵容自己缺点的一种漂亮的借口。社会需要我们创造价值，社会首先关注的是我们的工作品质是否有利于创造价值。个性也不例外，只有当你的个性有利于创造价值，是一种生产型的个性时，你的个性才能被社会接受。

巴顿将军性格粗暴，他之所以能被周围的人接受，原因是他是一个优秀的将军，他能打仗，否则他也会因为性格的粗暴而遭到社会的排斥。

所以我们应该明白：社会需要的是生产型的个性，只有你的个性能融入创造性的才华和能力之中，你的个性才能够被社会接受，如果你的个性没有表现为一种才能，而仅表现为一种坏脾气，它往往只能给你带来不好的结果。

要有一颗谦卑的心

从历史的长河来看，不管我们拥有什么、拥有多少、拥有多久，都只不过是拥有极其渺小的瞬间。人誉我谦，又增一美；自夸自败，又增一毁。无论何时何地，我们都应永远保持一颗谦卑的心。

越是有成就的人，态度越谦虚；相反，只有那些浅薄的、自以为有所成就的人才会骄傲。美国石油大王洛克菲勒就说过："当我从事的石油事业蒸蒸日上时，我晚上睡觉前总会拍拍自己的额角说'如今你的成就还是微乎其微！以后路途仍多险阻，若稍一失足，就会前功尽弃，切勿让自满的意念侵吞你的脑袋，当心！当心'！"

1860年，林肯作为美国共和党候选人参加总统竞选，他的竞争对手是大富翁道格拉斯。

当时，道格拉斯租用了一辆豪华富丽的竞选列车，车后安放了一门礼炮，每到一站，就鸣炮30响，加上乐队奏乐，气派不凡，声势很大。道格拉斯得意扬扬地对大家说："我要让林肯这个乡下佬闻闻我的贵族气味。"

林肯面对这种情形，一点也不泄气，他照样买票乘车，每到一站，就登上朋友们为他准备的耕田用的马拉车，发表了这样的竞选演说："有许多人写信问我有多少财产，其实我只有1个妻子和3个儿子，不过他们都是无价之宝。此外，我还租有一个办公室，室内有办公桌1张、椅子3把，墙角还有一个大书架，书架上的书值得我们每个人一读。我自己既穷又瘦，脸也很长，又不会发福，我实在没有什么可以依靠的，唯一可以信赖的就是你们。"

选举结果大出道格拉斯所料，竟然是林肯获胜，当选为美国总统。

聪明人总是把谦虚与恰当的自我标识有机地结合在一起，并由此而走上通向成功的大道。大智若愚既可以保护自己不受猜忌和伤害，又可以为自己的事业成功创造条件，使自己一鸣惊人。

在秦始皇陵兵马俑博物馆，有尊被称为"镇馆之宝"的跪射俑。这尊跪射俑，它左腿蹲曲，右膝跪地，右足竖起，足尖抵地，上身微左侧，两手在身体右侧一上一下做持弓弩状。秦始皇陵兵马俑坑至今已经出土陶俑1000多尊，除这尊跪射俑外，其他皆有不同程度的损坏，而这尊跪射俑保存得最完整，连衣纹、发丝都还清晰可见。这尊跪射俑为什么能保存得如此完整呢？导游解释说，这得益于他的低姿态，或者说是他的"低调"。首先，跪射俑身高只有1.2米，而普通立姿兵马俑的身高都是1.8~1.97米。兵马俑坑都是地下坑道式土木结构建筑，当棚顶塌陷、土木俱下时，高大的立姿俑首当其冲受到损坏，低姿态的跪射俑则受损害就小一些；其次，跪射俑作蹲跪姿态，重心在下，增强了其俑身的稳定性。这尊跪射俑的故事告诉我们这样一个道理：在任何情况下都要把自己当成泥土，如果老是将自己当成珍珠，就时时有被埋没的痛苦。这也就是说，在适当的时候保持适当的低姿态，绝不是懦弱和畏缩，而是一种聪明的处世之道，是人生的大智慧、大境界。

保持谦虚态度的人，在人际交往中也会处处受人欢迎，做起事来别人也愿意帮忙，因为在人际交往的世界里，人们大多喜欢聪明、谦让而豁达的人，讨厌那些妄自尊大、高看自己、小看别人的人，这些愚蠢的人最终会使自己在交往中陷入孤立无援的地步。

当然，我们提倡谦卑做人，并非要你做"老好人"，"事不关己，高高挂起；明知不对，少说为佳；明哲保身，但求无过"……相反，要求我们在原则面前去掉怯懦的"老好人"性格，摒弃庸俗的作风，成为一名大智大勇、大慈大悲的人。提倡低调做人，也绝不意味着低沉、因循守旧，而是要振奋精神、脚踏实地，干好每一件工作。自豪而不自满、低调而不低沉，这才是正确的处世态度。

人格境界的高低，是评判一个人品质的重要标准。一个人在物质方面追求太多，追求享受超出了自己所需，必然会降低自己的人格境界；而有较高人格境界的人一般不会对物质生活过分讲究。虽然并不是说人不能追求物质享受，但在物质匮乏的情况下，能不能做到超然物外，却能看出一个人的人生境界如何。也许我们不难发现，一个人的物质生活怎样，与他的人格境界关系不大，至少可以说没有必然联系，人格境界也不决定于物质生活是否豪奢。我们看到的却是：由于降低了人格，貌似聪明，实际上却十分愚蠢。如果想使自己有较高的人格境界，首先就要从对物质生活上的"低姿态"做起。

第三章
自信是获得幸福的源泉

有很多思路敏锐、天资高的人,却无法发挥他们的长处参与讨论,并不是他们不想参与,而只是因为他们缺少信心。世上所有德行高尚的人都能忍受凡人的刻薄和侮辱。强者自信,越是有人打击我,我就越坚强,越是面对狠毒的人,就越懂得感谢!不是因为有些事情难以做到,我们才失去自信,而是因为我们失去了自信,有些事情才显得难以做到。

默念"我行！我能行！"

据美国心理学家奥尔波特的调查，在大学生中有90%以上的人有自卑心理。但是激烈的求职竞争需要自信，渴望成功需要自信。

鲁迅先生说过，"一定要有自信的勇气，才会有创造的勇气！"发明创造也离不开自信。很多人想提高自己的自信心，但苦于找不到方法、技巧。下面为大家找几种方法，让大家建立起自己的自信心，驰骋职场。

1. 默念"我行！我能行！"

为克服自卑心理，为树立自信心，心中默念："我行！我能行！"默念时，要果断，要反复。特别是在遇到困难时更要默念。只要你坚持默念，特别是在早晨起床后，反复默念九次，在晚上临睡前默念九次，就会通过积极的自我暗示心理，形成潜意识。有了这种潜意识，就会逐渐树立信心，逐渐有了心理力量。

2. 多想高兴的事

每个人都有自己高兴的事，高兴的事就是你做得成功的事，那是你信心的源泉力量的产物。每个人都有很多高兴的事，要多想你最得意、最成功的事。这样，你的自信心就会被激发出来。

3. 面带微笑

没有信心的人经常是愁眉苦脸、无精打采、目光呆滞。雄心勃勃的人则多是神采奕奕、满面春风。人的面部表情与人的内心体验是一致的。笑是快乐的表现，笑能使人心情舒畅，振奋精神；笑能使人产生信心和力量。

学会微笑，学会在受挫折时笑得出来，就会增强信心。让自己对着镜子体验一下自然微笑的心理感受。方法很简单，但做起来确实有效果。当你逐渐养成了经常微笑的习惯，你就会觉得充满力量，充满了信心。

4. 昂首挺胸

人在遭到挫折、气馁的时候，常常会垂头丧气。成功的人、获得胜利的人则昂首挺胸、意气风发，昂首挺胸是富有力量的表现。

人的姿势与内心体验是相适应的，姿势的表现与内心的表现可以相互促进。一个人越有信心，越有力量，便昂首挺胸；反之，则垂头丧气。学会自然地昂首挺胸就会逐步树立信心，增强信心。

5. 主动与人交往

见面主动与人打招呼，主动问候别人，别人也会用问候回敬你；你对别人微笑，别人也会对你微笑。你和人在微笑的问候中，双方都会感到人间的温暖和真情。这种温暖与真情使人充满力量，使人增添信心。

6. 欣赏振奋人心的音乐

人们都有这样的情绪体验，当听到雄壮激昂的音乐时，往往因受到激励而热情奔放，斗志昂扬；当听到低沉、悲壮的音乐时，往往使悲痛、怀念之情涌上心头。

健康的音乐能调节人的情绪、陶冶人的情操、培养人的意志。当人受到挫折，情绪低沉、缺乏信心的时候，选择恰当的乐曲来欣

51

赏，能帮助人振奋精神。

给自己一个最好的姿态，默念着"我能行"，昂首阔步地驰骋职场，等待你的是不远处的成功。

面带微笑，始终如一

如果缺乏自信时，一直做些好像没有自信的举动，就会愈来愈没有自信。

缺乏自信时更应该做些充满自信的举动，与其对自己说没有自信，不如告诉自己是很有自信的。为了克服消极、否定的态度，我们应该试着采取积极、肯定的态度。如果自认为不行，身边的事也抛下不管，情况就会渐渐变得如自己所想的一样。

有一个学生团体，每年选出一位最"美丽"的大学生，并且举办比赛。

他们到各大学、到大街上，看到美丽的人，就把小册子拿给他们看，请他们参加这个比赛。从地方到中央，他们举办一次又一次各种的比赛。于是，大家变得愈来愈美。

那里的工作人员说："大家愈来愈有自信了吧！"这话完全正确。

因为"我要参加这个比赛"的这种积极态度使这些人显得更美。"我要参加这个比赛"，这种肯定的生活态度能使人产生自信，使这些人显得更美。

丹麦有句格言说:"好运临门,即使傻瓜也懂得把它请进门。"如果抱着消极、否定的态度,即使好运来敲自己的门,也不会把它请入门内。机会来临时,更应该抛开自己消极、否定的态度。

自信不仅发自于外,也发自于内心"今天一整天都不说刻薄话",这件事看起来容易其实不简单,但是,只要下定决心去做,就做得到。如果能在声音中表现出笑意,那么人生就会一天天变得亮丽起来。因为,如果声音带着亲切的笑意,人们就会想和你交谈,然后你便会因为和人接触而有精神起来。

电话交谈时,如果用有笑容的声音说话,对方听了舒服,自己也觉得快乐。苦着一张脸或者冷言冷语的,不仅会让对方不舒服,自己也会不痛快。

用言语冲撞对方时,就是用言语在冲撞自己,自己对对方的态度同时也是对自己的态度。

我们应该像砌墙一样,一块砖一块砖地砌,堆砌我们对人生积极、肯定的态度。即使不能喜欢所有的人,也应该努力多喜欢一个人,要克服对他人不必要的恐惧。因为自信会培养自信。

一点小成就会为我们带来自信。如果一下子就想做伟大、不平凡的事,做不到就会愈来愈没有自信。

微笑是人际交往的润滑剂,人在微笑的时候最美。

你也许会因为去面试而过于紧张,回答考官的问题时东拉西扯,就更别说面部表情了,想一想那时的你是不是会面目可笑?在考官的眼里,这与微笑相比可是一个天上一个地下呀。

微笑是一个人自信、和善、真诚、友爱的表露。有许多人自然而然地在生活中学会了微笑，而有些人还需要练习微笑，要笑得自然大方、真心流露，不要虚情假意，不要苦笑、献媚地笑、奸笑。

也许你还没有养成微笑的习惯，那就马上去培养吧！

你切不可自卑

在心理学中，自卑属于性格上的一个缺点。自卑，即一个人对自己的能力作出偏低的评价，总觉得自己不如人，悲观失望，丧失信心。在社交中，具有自卑心理的人孤立、离群，抑制自信心和荣誉感。当受到周围人们的轻视、嘲笑或侮辱时，这种自卑心理会大大加强，甚至以畸形的形式，如嫉妒、暴怒、自欺欺人的方式表现出来。自卑是一种不健康的心理，是一种消极的心理状态，是实现理想或某种愿望的巨大心理障碍。自卑的人往往都是失败的俘虏、被轻视的对象，严重的自卑心理还能导致一个人颓废落伍、心灵扭曲。造成自卑心理的原因，因人而异：

有的人自卑心理的诱因是思想认识方面的，如对自己的期望不高，或者相反，期望过高，不切实际。

有的人自卑心理的诱因是生理素质方面的，如五官不端正，过胖、过瘦、过矮、口吃、身体有残疾、缺陷等。

有的人自卑心理的诱因是社会环境方面的，如经济条件差、学历低、工作环境不好、家庭或单位的影响，等等。

有的人自卑心理的诱因是性格气质方面的，如内向、孤僻等。

有的人自卑心理的诱因是生活经历方面的，如情场失意、当众出丑、被人嘲笑，等等。

克服上述自卑心理，自然也要因人因事而异。下面介绍一下具有规律性的、被实践证明了是行之有效的克服自卑心理的一些方法：

1. 克服由于思想认识方面造成的自卑心理，即正确认识、恰当地评价自己。

形成自卑心理的最主要的原因是不能正确认识自己和对待自己，因此要改变自卑，必须从改变认识入手。要善于发现自己的长处，肯定自己的成绩，不要把别人看得十全十美、把自己看得一无是处，要认识到他人也有不足。

例如，经常回忆那些经过努力做成功了的事情；对一些做得不对的事情，进行自我暗示——不要紧，别人也不见得就能做好，自己再努力一把也许会把事情做好。

另外，注意发现他人对自己好的评价。人们总是以他人为镜来认识自己，也就是说人们总是根据他人对自己的评价来自我评价。如果他人对自己作出较低的评价，特别是来自较有权威的人的评价，就会影响我们对自己的认识，也会低估自己。因此，要注意捕捉他人对自己好的评价。事实上，不会所有的人都对自己作较低的评价，赏识、了解、理解自己的人总是有的，关键是要自己去用心捕捉，将捕捉到的好评价作为自我评价的主要因素，以增强自信心理。

2. 克服由于生理素质方面造成的自卑心理，即正确补偿自己。

人的身体"用进废退":盲人失明,耳朵就特别灵;腿有毛病,手就特别灵巧。所以,当你因生理有缺陷就产生一种不如健康人的自卑感的时候,可以这样想:虽然我的眼睛看不见,但我的耳朵比你灵,单就生理素质看,咱俩也是等量齐观的,我并不比你矮半截。

其实,人是靠心灵称雄的。办事能力强者,是有修养、有知识的人。一个身体健康的人,如果头脑空虚,那他不过是空有躯壳;一个病残的人,如果内心世界丰富,正如阴暗背景的闪光,更显得耀目,更能得到人们的爱戴。问题是,首先要自己看得起自己,然后才能要求不被别人轻视。

3. 克服由于社会环境方面所造成的自卑心理。

在社会中,每个人在人格上是完全平等的,没有什么高低贵贱之分,不应该有天然的优越感与自卑感。自然的生活环境与人们的修养、知识、能力没有必然的、绝对的联系。城市人不一定就比农村人水平高,生活条件较差的人不一定就比有钱的人能力差,无学历的人不一定就比有学历的人能力低。不能背上矮人一头的包袱,要在交往中去焕发自己的风采。

有人因工作环境不好,从而产生一种自卑心理,即职业自卑感。不愿谈及自己的职业,甚至不愿报出自己单位的名称或工种,以免别人瞧不起。要是有这种职业自卑感,就要学会保持心理平衡,明确"职业无贵贱"的思想,从比较中认识自己,根据自己的条件,提出心理要求,并经常及时地对自己的要求进行反思和调整。

有人生活在这样一种环境中,重要任务、重要交往活动都由他人包办代替了,他的父母、师长或团体领袖不要他承担独立的任务，这就促成了他安于现状、依赖他人的个性。如果他心目中的权威人士，如父母、师长、团体领袖认为他缺乏能力，那他也就会乐意接受，并潜移默化地适应了周围的环境，对自己缺乏信心。

克服这种自卑心理，就是要增强性格的独立性，摆脱人们尤其是权威人士对自己的成见，使自己在锻炼中日益成熟起来。

4. 克服由于性格气质方面造成的自卑心理，即克服内向性格和性格孤僻。

在社交方面，内向性格较之外向性格则有更多的消极因素。内向性格的人不喜欢把自己的悲欢告诉别人，他们宁愿独自去忍受，这就容易进入激情状态，使意识的控制作用降低，使理智分析能力受到抑制，不能正确评价或控制自己的行为。

要使内向性格逐渐变得外向些，一要积极适应和改造环境，环境作用于人，使他的性格变化。可以多参加一些集体活动，主动与别人接触。二要自我调节并解决心理冲突，要学会宣泄，把苦闷向他人谈一谈，排解掉，使心情变得轻松愉快。三要培养多方面的兴趣和爱好。兴趣广则交际广，又会学到许多知识，培养出多种才能，这样有益于活泼性格的形成和发展。

5. 克服由于生活经历方面所造成的自卑心理。

人们在遭受挫折后，可能会产生各种反应，或反抗，或妥协，或固执。有的人由于感受性高而耐受性低，挫折会给他们以沉重的打击，从此变得自卑起来。当你在生活和工作中，受到别人的冷落和嘲讽时，不要回避和气馁，要冷静地分析失败的原因，采取积极的态度，用笑脸去迎击悲惨的厄运，用自信的勇气承受遭到的不幸。

培养自信心的绝妙方法

成功学大师拿破仑·希尔说过,最伟大的奇迹就是信心。

他在一部成功学的著作中引用了一首诗,认为作者揭示了一项"伟大的心理学真理":

如果你认为自己已经被打败,

那你就被打败了;

如果你认为自己并没有被打败,

那么你就并未被打败;

如果你想要获胜,但又自己办不到,

那么,你必然不会获胜。

如果你认为你将失败,

那你已经失败了,

因为,在这个世界上,我们发现

成就开始于人们的意识中——

完全视心理状态而定。

如果你认为自己已经落伍,

那么,你已经落伍——

你必须把自己想得高尚一点。

你必须先确定自己,

才能获得奖品。

生命的角逐并不全是

由强壮或跑得快的人获胜；

但不管是迟是早，

胜利者总是那些认为自己能获胜的人。

拿破仑·希尔说，如果你下决心背诵这首诗，将对你大有帮助，你并且可以把它当作是你发展自信心的一部分工具及装备。

自信的反面是恐惧，就是恐惧行动、恐惧成功。在成功学上这种心态叫作"成功恐惧症"。它表现在，自己还没有行动，还没有尝试，就下了定论："我不行！"人们常说，爱谦虚，但谦虚到了顶点，就是认为自己这也不行那也不行，这种所谓的谦虚，实际上就是恐惧——恐惧行动、恐惧尝试、恐惧失败，也恐惧成功，再者，就是不相信自己有某种能力，有成功的可能。这样，既没有信心，也没有行动，只能眼睁睁地看别人成功。立志成功的人必须消除这种消极的心态，要坚信，自己一定能够成功。有了这样的信心，就会采取相应的行动，有了相应的行动，就开始迈向了成功。

对于那些在生活和工作中容易产生自卑、恐惧、羞怯心理的人来说，心理学家史华兹博士认为，克服这些弱点的训练在平常，他从心理学角度，提出了建立自信的五种方法。

1. 坐前面的位子

你是否注意到，不论在教堂、教室各种聚会中，后面的座位是怎么先被坐满的吗？大部分占据后排座位的人都希望自己不要"太醒目"。而他们怕受人注目的原因就是缺乏信心。

坐在前座能建立信心。把它当成一个规则试试看，从现在开始就尽量往前坐。当然坐前面会比较显眼；但要记住，有关成功的一切都是很显眼的。

2. 练习正视别人

一个人的眼神可以透露出许多有关他的讯息。一个人不正视你的时候，你会直觉地问自己："他想要隐藏什么呢？他想对我不利吗？"

不正视别人通常意味着"在你旁边我感到很自卑。我感到不如你。我怕你"。躲避别人的眼神也意味着"我有罪恶感。我做了或想了什么我不希望你知道的事，我接触你的眼神，你就会看穿我"。都是一些不好的讯息。

正视别人等于告诉他："我很诚实，而且光明正大。我相信我告诉你的话是真的，毫不心虚。"

专注别人的眼神不但能给你信心，也能为你赢得别人的信任。

3. 把你走路的速度加快25%

许多心理学家告诉我们，借着改变姿态与速度，可以改变心态。你若仔细观察就会发现，身体的动作是心灵活动的结果。那些遭受打击、被排斥的人，走路都拖拖拉拉，特别散漫，完全没有自信。

另一种人则表现出超凡的信心，走起路来比一般人快，像是在短跑。他们的步伐告诉这个世界："我要去一个重要的地方，去做重要的事情。更重要的是，我会在15分钟内成功。"

使用这种"走快25%"的方法，可助你建立信心。抬头挺胸走快一点，你就会感到自信心在增强。

4. 练习当众发言

有很多思路敏锐的人，都无法发挥他们的长处参与讨论。并不是他们不想参与，只是因为他们缺少信心。在会议中沉默寡言的人都认为："我的意见可能没有价值，如果说出来，别人可能会觉得很愚蠢，我最好什么也不说。别让他们知道我是怎样的无知。"

如果尽量发言，就会增加信心，下次也更容易发言。所以，要多发言，这是增强信心的维他命。

不论是参加什么性质的会议，每次都要"主动"发言，也许是评论，也许是建议或提问题，不要有例外。而且，不要最后才发言，要做破冰船，第一个打破沉默。

不要担心你会显得很愚蠢，总会有人同意你的见解。

5. 咧嘴大笑

咧嘴大笑，你会觉得"美好的日子又来了"。一定要笑得大，半笑不笑是没有用的，要露齿大笑才能见功效。

当然，你可能笑不出来，但窍门就在你强迫自己说："我开始笑了。"然后，你就放松地大笑。不妨试试看。

提高自己的心理素质

有些人由于缺少社交经历，在与人交往中，特别是在大型的集体活动中，总是产生一种恐慌害怕的心理。比如，不少人害怕在人多的场合下讲话，不愿意接触人，不愿意参加集体活动，不愿求人办事，也不愿与人共事，这就是一种社交恐惧症的心理疾病。要克服社交恐惧症,应该注意从下面几个方面去创造良好的心理环境。

1. 弄清楚自己到底恐惧什么,它会构成什么威胁。社交恐惧者虽然一遇到社交就沉浸在恐惧和忐忑不安中,但由于无意识地回避恐怖对象,实际上他们很少正视自己所恐惧的东西,因此这种恐惧往往表现为一种莫名其妙的感觉。而一旦正视了它,也许就会发现它实际上并没有什么具有针对性的内容。嘲笑、冷落、讥讽、暴力,这些情况每个人在交往中都可能遇到,但在正常情况下却一般不会遇到。因此,在正常情况下,这些对每一个具体的人没有特殊的威胁性。不过在与人交往之前,做好一定的心理准备是非常重要的。

2. 排除自我意识中的消极因素,也就是改变不利于交往的气质因素。抑郁质的人一般对自己的举止言行特别敏感,生怕在交往中失态遭人品评、嘲笑,因而在交往前就受到自己所构想的外界压力,这就自然使自己在交往中异常紧张,导致口齿不清、逻辑混乱、手足无措。克服这种社交恐惧症,在开始交往时,你只考虑自己该怎么做和怎么说,而不去顾忌别人的反应,这样在心理上就居于主动地位,有利于形成交往过程中的心理良性循环。

有些人一见生人就脸红,感到心里很害怕,说话紧张,嘴里说的和心里要表达的相距很远,这种社交恐慌症即是我们通常所说的害羞。害羞有三种类型,一是气质性害羞,即气质比较沉静,说话低声细语,见到生人就脸红,甚至常抱有一种胆怯的心理,举手投足思前想后,顾虑重重;二是认识性害羞,造成这种害羞的主要原因是过分注重"自我",患得患失太重,生怕自己的言行被人耻笑，因而老是受环境和别人的言行支配，缺乏主动性，久而久之，便羞于与人接触，更羞于在公开场合讲话；三是挫折性害羞，这种人以前并不害羞，但由于种种主客观原因，连遭挫折，变得胆怯怕生，消极被动。可以采用以下的方法来克服害羞的社交恐惧症。

（1）树立丰富性动机。要明确社交是增长才干、了解人生和社会的有效途径，同时也是一项现代人不可缺少的生活技能，这样就能从动机上由"缺乏性动机"转变为"丰富性动机"。具有丰富性动机的人，能理解环境，解决难题，参加各种活动，探索环境中的新异变化，能从同别人交往中得到欢乐，自尊而自信，善于自我表现，就能由惧怕社交到热衷社交。

（2）善于寻找外部刺激。怕社交，主要是怕缺乏处理棘手问题的能力。一个人不知道怎样击退威胁，当然就惧怕威胁了。因此，不妨主动地寻求外部的刺激，以培养和锻炼解决复杂问题的能力。这里，最重要的是要鼓足勇气，敢说第一句话，敢于迈出第一步。当你迈出了第一步以后，就会感到，这道障碍也不过如此，很容易克服。害羞的坚壁被戳穿了，你就会在积极交往的成功中受到鼓舞。

（3）多一些自信心，少一些虚荣心。在交往中，即使遇到比自己强的人，也不要缩手缩脚，要敢于把自己的能量释放出来。尺有所短，寸有所长，你的长处有可能正是别人的短处。如果你能对自己有一个全面的客观的评价，提高自信心，你就会在人们面前落落大方，潇洒自如。

别让压力破坏了你的自信

人们常常爱为很多事情操心：自己的工作、夫妻感情、孩子的成长、父母的健康，这些事情时常占据着我们的大脑。爱操心者还会担心得更多：上司要的报告今天要是赶不完怎么办？下午有个不太想见的外地客户要来，晚上还得请他吃饭，明天他要是不走怎么办？过两天要出差，得带什么东西？不仅担心的事情多，甚至还要为尚未发生的事情担心，这怎能不占用精力、耗费时间？其实完全可以全力以赴地对付报告，让其他事情暂时靠边站。更何况，下午的客户还不一定来，即便来了也可能自己另有安排，完全无须提前紧张。

所以，把心里挥之不去的事情排个顺序，只为最重要的那一件事情担心，重点解决这一件事，至于未发生的事情，更要甩甩头，把它从脑子里赶走。如此，你可能就不会思前想后、坐立不安，还能把最重要的那一件漂亮地完成！

知己对于人们来说当然不可或缺，可以相互交流工作心得、家庭琐事以及生活中的种种。很多的烦恼或担忧说出来的时候往往就好了一大半。当然，倾诉对象最好可能是难得的"知己"，如果是年长许多的"忘年交"，那就更难得了，可以从那里得到很多宝贵的经验之谈。

必要的放松绝对重要。就一天而言，可以在经过一上午的忙乱后，来一段小小的午休。躺在床上呼呼大睡的愿望不仅有点奢侈，而且也没必要。可以靠在椅背上，把脚稍稍垫高，在脸上盖一张报纸，既可挡光，又可告知同事：午休时间，请勿打扰。这样做只要一刻钟就可保证有个精力充沛的下午。据说丘吉尔当年一直都保留着这个午休的习惯呢。

上班时的放松其实有很多种方式，可以喝杯提神醒脑的茶。现在有种类繁多的"花茶"，对于女性上班族不失为一帖清凉剂，什么金莲花、勿忘我、红玫瑰、彩菊花等，它们不仅名字动听，泡在杯里也好看无比，自己可以再加点枸杞子、藏红花、竹叶茶或山楂干，那一杯水简直就成了工艺品，单是看着就让人为之一振，喝下去更是有益健康。

周末随便逛逛街，和朋友小聚畅谈，或放下手头一切去风景优美的地方做一两次旅行，都会备添轻松。

有时可能觉得自己有很多缺点，像凯莉就时常想到自己的不足之处：做事粗心，不够专注，没能把握好升职的机会……想着想着就钻了牛角尖，觉得自己一无是处，心情沮丧极了。能够反思固然是好事，但不可总是强调自己的缺点，忽略优点。其实别人眼中的凯莉做事麻利、为人单纯、脚踏实地，和她的自我判断完全两样。缺点未必不可以转化成优点的，总想自己这也不行、那好不行，当然会无端增添压力。

健康的身体是生命中一切事情的前提。有人这样比喻人生：健康是1，其他的一切，如事业、财富、名誉等，是跟在1后面的0。0越多，数字越大，幸福的可能性也就随之越大。但是，如果没有前面那个1，再多的0也永远等于无。健康的重要性毋庸置疑，而经常锻炼也会起到释放压力的作用。现在有各种各样的学习班，瑜伽、街舞、跆拳道，都是锻炼的好途径。此外，每周抽一点时间游泳、打球，或者是晚餐后在附近公园散步，都有益身心。在办公室坐久了，站起来走动一下，活动一下筋骨，也有好处。

总之，在职场上应尽一切可能释放压力，轻松上阵！

自信的人能出人头地

我们无时无刻不在展现我们的心态，无时无刻不在表现希望或担忧。我们的声望以及他人对我们的评价，与我们的成功有很大的关系。如果别人不相信我们，如果别人因为我们的思想经常表现出消极软弱而认为我们无能和胆小，那么，我们将不可能提升到一些责任重大的高级职位上去。

如果我们展示给人的是一种自信、勇敢和无所畏惧的印象，如果我们具有那种震慑人心的自信，那么，我们的事业必定会获得巨大的成功。

如果我们养成了一种保持必胜信心的习惯，那人们就会认为，我们比那些丧失信心或那些给人以软弱无能、自卑胆怯印象的人更有可能赢得未来。

换句话说，自信和他信几乎同等重要，而要使他人相信我们，我们自身首先必须展现自信和必胜的精神。

以胜利者心态生活的人，与那种以卑躬屈膝、唯命是从的心态生活的人相比，是有很大区别的。

每个毛孔都热力四射的人，这种人总给人以朝气蓬勃、能力超凡的印象，与那种胆小怕事、自卑怯懦，缺乏勇气与活力的人比较，他们的影响有多么大的不同啊！世人都珍爱那种具有胜利者气度的人，那种给人以必胜信心的人和那种总是在期待成功的人。

令人信服和给人以充满活力印象的正是我们身上那种神奇的自我肯定的力量。如果你的心态不能给你提供精神动力，那么，你就不可能在世上留下一个积极者、建设者的美名。一些人总是奇怪自己为什么如此卑微，如此不值得一提，如此无足轻重。其中的原因就在于他们不能像胜利者那样去思考，去行动。他们没有建设者、胜利者的心态，他们总给人以软弱无力的印象。要知道，思想积极的人才富有魅力，思想消极的人则使人反感，而胜利者总是在精神上先胜一筹。

一些人往往给我们留下这种印象，即他们绝不可能获胜。他们所有的期待便是侥幸能过上一种相当舒适的生活，在他们的眼中全是单调艰苦的工作。他们一开始就认为，生活充其量不过是一件苦差事罢了，而事实上，很多人的生活常常是与快乐相伴，并享有荣誉和尊严的。正常的生活应该是不断发展、进步的，应该是一个知识不断扩展、深化的过程，应当是将我们心头渐露端倪的良知更深入地推向前进的过程，应当给我们一生极大的满意感。没有任何东西能替代这种胜利感，没有任何东西能替代这种胜利常伴常依的意识。

应当把这样一个观念灌输进孩子的骨髓和血液中，他生来就要胜利，他是由胜利材料而非由失败材料构成的，就像许多人所认为的那样，没有人生来就是失败的。

如果总是谆谆教导孩子们要拥有胜利的心态，要极度地自尊和绝对地相信自己有着美好的前途，那么，真要失败那才怪呢！未来的子女教育将进入这样的时代：我们教导孩子们要展示力量，要显得充满活力，并教导孩子们要有胜利的心态。这种教育将被视为家庭教育和家庭抚养的一个极其重要的内容。

人的身体要和谐，其前提是他的精神首先必须是健康的。你必须和你的同辈人保持一种健康的关系，你要想安身立命，你要想不为难自己，或者说，你要想真正拥有健康和幸福，你就必须和你的同胞们相处得好。

如果我们想拥有自信的心态，那我们必须要拒绝各种妒忌、仇恨和不断折磨我们的怨愤的思想，我们就必须养成一种平静、安详的心理境界，这种平静和安详才是伟大的个性。成功和幸福的全部奥秘就在于坚信我们会成为理想中的人，坚信我们能使我们努力从事的事业获得成功。

刚刚开始独立生活的年轻人往往都渴望成功，但是绝对不可以这样对自己说："我很想获得成功，但我不相信我真的会成为心中渴望的理想角色。我所从事的职业、工作行业已人满为患，在这一领域，许多人都无法过上体面的生活，许多人都找不到工作，因此，我相信我已经犯了错误。但是如果运气特别好的话，也许我会在某个地方出人头地。"持有这种想法并以这种想法去行动的年轻人往往难逃失败的结局。

实际上，别人是根据我们的实际状况而不是根据我们夸下的海口来评判我们的，我们必须在他人面前展现实实在在的东西。我们都能"说"我们渴望任何有价值的东西，但是，我们留给别人的印象实实在在的就是我们的现实情况。无论你的话语怎样动听，无论你的话语多么悦耳，你都无法阻止他人了解你的底细和你内心的真实想法。如果你心中不满，如果你心生妒忌或羡慕，如果你并不友好或充满敌意，他人都能感觉得到。我们的言辞也许能蒙蔽人于一时，但是我们不可能改变我们作用于他人的人际磁场，除非我们改变对他人的整个心态。

想象一下，这样一个心态极其糟糕而又一心想获得财富的人的可笑模样吧！他的那副"尊容"似乎在说："财富，离我远远的吧！不要靠近我。我很想拥有你，但你显然不会属于我。我对人生的要求并不高，虽然我希望自己身上能发生像那些更幸运的人身上能有的那些好事，但我实际上并不奢望它们会发生。"

财富绝不可能去接受一个有这种心态的人。恐惧和怀疑的心态使财富望而却步。

当然，没有谁想赶跑机会、成功和财富，但是由于他们充满怀疑和担忧，缺乏信心和勇气，所以就赶跑了财富、机会和成功，然而他们自己却还蒙在鼓里。

许多人过着既说不上成功又说不上失败，他们生命的大部分时间都介于成功和失败之间，因为一部分时间他们的心态是积极的、建设性的，而另一部分时间他们的心态则是消极的，因而也是非建设性的。因此，这种人就像钟摆一样摇摆不定。

这种人一旦获得一点勇气、希望和激情，他们就能创造一些财富，因为他们有时的思想是积极的、富于创造力的。而一旦他们丧失信心，变得沮丧气馁时，一旦他们的思想充满怀疑和忧虑时，他们的心态就变得消极起来，因而也就没有了创造力，也就不能创造财富，他们就会重新滑落到失败的生活中去。

如果我们始终如一地以一种建设性的、创造性的心态来生活，那么，我们的生活中将充满各种美不胜收的累累硕果。

自信让你神采飞扬

一个人的事业成就绝不会越过他自信所能达到的高度。

很多人都有一个通病，那就是假如他在某一方面缺少特殊的才能，他就不再想努力，以为努力也是枉然。但是还有许多人在最初的时候其实与常人无异，也没有特殊的才能，但终于成功了。这是由于他们的自信力要高过一般人，并能以自信力做支柱去努力奋斗，终获成功。一个人不去实地试验，就永远不会知道自己的身体中蕴藏着多少才能与力量。

与势力、资本以及亲戚朋友的扶持相比，自信力更为重要，它对人的成功存在不可思议的力量。自信力能使人们克服困难、成就事业、完成发明。

每一个人都能实现自立自助的独立生活，但是在实际生活中，只有少数人可以实现真正的自立自助生活。当然，依赖他人，追随他人，让人家去思想、去策划、去工作，这自然要比我们自己去思想、去策划、去工作要容易得多，也惬意得多。因此，一个人一旦有了依赖的观念，他就会丧失勤勉努力的精神。

有的人不想让他们的子女在世上奋斗得太艰苦，这种做法实际是在不知不觉中给孩子以祸患。给孩子所开辟的出路，也许就是给予他们的挫折。青年人应有自立自助的能力，可惜有些青年人易养成依赖的习惯，如果有了拐杖，他们就不想自己走路；如果有了依赖，他们就不再想独立了。可以充分发展我们的精力与体力的不是外援，而是自助；不是依赖，而是自立。世界上只有摆脱了依赖、抛弃了拐杖、具有自信和自主的人，才能获得成功。自立自助是进入成功之门的钥匙，是获得胜利的象征。

当人自立自助时，就开始走上成功的坦途。抛弃依赖之日，就是发展自己潜在力量之时。

一个身体健全的人假如依赖他人，就会感到自己不是一个完整的人。一个人有了职业、自立自助的时候，他才能感到自由自在、无比幸福。

许多人之所以在社会上无所作为，是由于他们贪图省事，或是缺乏自信，不敢照着自己的意志去做，事事要经得他人的同意认可才敢决定，这样缺乏自立自助精神，怎会有所作为呢？

一个人不敢表现自身的能力，表达自己的意见，实为人生的奇耻大辱。照着自己的意念，增强自己的信心，努力去做，必然能获得美满的结果。

世界上只有那些有责任心、肯负责任的人，才能获得成功；只有那些言必行、行必果的人，才能成就大的事业。要承担起对事业

的责任，首先必须要有坚强的自信力，要始终自信做任何事情都能成功——绝对可以成功！

很多人一遇到挫折便心灰意冷、精神沮丧，他们认为命运在和自己作对，再挣扎也毫无益处。只要你注意所见所闻，你就会发现不少成功者都曾经失败过，甚至破产，但是由于他们有勇气、有决心，始终没有被击垮，依然在努力地坚持着，有望东山再起。

每一个人应该始终保持自己的勇气，不论困难怎样大，挫折怎样严重，也不要使自己的意志消沉下去。有些人那种永无定见、瞻前顾后的做事习惯，无异是自己成功路上的拦路虎。这些人就好像浮在水面的死鱼，随着水流东漂西荡，而一条鲜活的鱼能够在水里逆流而上。

试看世界上所有事业的失败，大多数并不是因为经济上的损失，而是因为缺乏自信。人生最大的损失除了丧失人格之外，就要属失掉自信心了。当一个人缺乏自信心时，任何事情都不会做成功，正如没有脊椎骨的人是永远站不起来的。

世上没有什么真正的困难和障碍可以阻挡一个勇敢者、坚毅者的前进道路。班杨被投入了监狱后，依然写出著名的《圣游记》；密尔顿被挖掉眼睛之后，依然写出了《失乐园》；帕克曼能写成《加利福尼亚与俄勒冈小道》，靠的也是他一往无前的决心；英国邮政总局长夫奥西特所以能有今天的地位，靠的也是他的毅力。像这一类成功者的例子不知有多少，而他们的成功都是以沉着、坚韧为代价的。

一个人的潜能就像水蒸气一样，其形其势无拘无束，谁都无法用有固定形状的瓶子来装它。而要把这种潜能充分地发挥出来，就必须要有坚定的自信心。

　　眼光敏锐的人可以从路过身边的人中指出哪些是成功者。由于成功者的一举一动都会流露出十分自信的样子，从他的气度上就能够看出他是一个自立自助、有自信和决心完成任意工作的人。一个人的自主自助、自信和决心就是他万无一失的成功资本。同样，眼光敏锐的人也能随时随地看出谁是失败者。从走路的姿势和气质上，能够看出他缺乏自信力和决断力；从他的衣着和气势上能够看出他不学无术；并且他的一举一动也显露出他怯懦怕事、拖拖拉拉的性格。

　　没有哪一个满口说"快要失败"、整天抱怨"处境艰难"的人会获得成功。对于所有事情，你绝不应该往黑暗的方面想，你绝不应该总是埋怨市场萧条或是行情不利，一般商人最容易沾染这种怨天尤人、自暴自弃的恶习。确实，在他们看来，世上就没有所谓"乐观"两个字，一切都笼罩在失望、挫败、无法成功的气氛中。这种观念统治了他们的头脑，就在无形中把他们拖进失败的深渊中，使其总是不能自拔，永远不会看到成功的一天。

　　事业最初如一棵嫩芽，要它成长、要它茁壮，必须要有阳光去照耀它。立即鼓起勇气、振作精神，努力去排除所有妨碍成功的可恶因素，学习怎样去改变环境，怎样去扫除外界的阻遏势力。任何事情，你都应往成功方面想，而不可以整天唉声叹气地去思虑失败后的处境将是怎样的悲惨。

　　假如你建立了一定的事业发展基础，并且你自信自己的力量完全能够愉快地胜任，那么就应该立即下定决心，不要再犹豫动摇。即便你遭遇困难与阻力，也无论如何不要考虑后退。在事业成功的过程中，荆棘有时比那玫瑰花的刺还要多，它们会成为你事业进展的拦路虎，这种拦路虎正在检验你意志究竟是否坚定、力量是否雄厚，但只要你不气馁、不灰心，任何拦路虎都是有方法驱除的。只要紧紧盯住已经确定的目标，坚定地相信自己的能力和成功的可能，这样就能使你在精神上先达到成功的境界。

你要力排众议，打消所有古怪的念头；遇事马上决策、立即行动；任何时候、任何事情都要胸有成竹，决不气馁；你的决心一定要坚如大山，你的意志必须强如钢铁，不可随便动摇，而不论你受到怎样的打击与引诱。这是战胜一切的诀窍。

世界上有许多的失败者，他们没有坚强的自信心，他们三心二意，对事情缺乏果断的决策能力。

不论你陷于何种窘困的境地，一定要保持你那可贵的自信力！你那高昂的头无论如何不能被困难压下去；你那坚决的心无论如何不能在恶劣的环境下屈服。你要做环境的主人，而不是环境的奴隶。你无时无刻不在改善你的境遇，无时无刻不在向着目标迈步前进。你应当坚定地说："我的力量足以实现那项事业，绝对没有人可以抢夺我的内在力量。你要从个性上做起，改掉那些犹豫、懦弱和多变的个性，养成坚强有力的个性，把曾被你赶走的自信心和一切因此丧失的力量重新挽救回来。"

相信明天更美好

你是一个梦想者吗？

使人类的生活更有意义，把很多人从困境中解脱出来的，都应归功于一些梦想者！

梦想者是人类的先锋，是我们前进的引路人。他们毕生劳碌，不辞艰辛，替人类开辟出平坦的大道来。如今的一切，是过去各个时代梦想的总和，是过去各个时代梦想的现实化。

假如没有梦想者到美洲西部去开辟领地，那么"美国人"至今还徘徊在大西洋的沿岸。

对世界最有贡献、最有价值的人，必定是那些目光远大、具有先见之明的梦想者。他们运用智力和知识，为人类造福，把那些目光短浅、深受束缚和陷于迷信的人拯救出来。有先见之明的梦想者还能把常人看来做不到的事情变为现实。有人说，想象力这东西，对于艺术家、音乐家和诗人大有用处，但在实际生活中，它的地位并没有那样的显赫。但事实告诉我们：凡是各界的领袖人物都做过梦想者。无论工业界的巨头、商业界的领袖，都是具有伟大梦想，并抱持坚定的信心、努力奋斗的人。

马可尼发明无线电是惊人梦想的实现。这个惊人梦想的实现，使得航行在惊涛骇浪中的船只遭受灾祸时，可利用无线电发出求救信号，因此拯救了千万生灵。

电报在发明之前，也被认为是难以实现的梦想，但莫尔斯竟使这梦想实现了。电报发明后，世界各地消息的传递从此变得非常便利。

斯蒂芬孙以前是一个贫穷的矿工，但他制造火车机车的梦想也成为了现实，使人类的交通工具大为改观，运输能力也得以空前地提高。

勇敢的罗杰斯先生驾着飞机，实现了飞越欧洲大陆的梦想。横跨大西洋的无线电报是费尔特的梦想的实现，这使得美欧大陆能够密切联络。

人类所具有的种种力量中，最神奇的莫过于拥有梦想的能力。假如我们相信明天更美好，就不必计较今天所受的痛苦。有伟大梦想的人，就是阻以铜墙铁壁，也不能挡住他前进的脚步。

一个人假如有能力从烦恼、痛苦、困难的环境，转移到愉快、舒适、甜蜜的境地，那么这种能力就是真正的无价之宝。如果我们在生命中失去了梦想的能力，那么谁还能以坚定的信念、充分的希望、十足的勇敢去继续奋斗呢？

不论多么苦难不幸、穷困潦倒，都不屈从命运，始终相信好的日子就在后面。人只有具有了这些梦想，才可能有远大的希望，才会激发内在的潜能，更加努力，以求得光明的前途。

仅有梦想还是不够的，有了梦想，同时还需要实现梦想的坚强毅力和决心。如果徒有梦想，而不能拿出力量来实现愿望，这也是不可取的。只有在梦想的同时辅之以艰苦的劳作，不断地努力，那梦想才有巨大的价值。

像别的能力一样，梦想的能力也可能被滥用或误用。假如一个人整天除了梦想以外不做别的事情，他们把全部的生命力花费在建造那无法实现的空中楼阁上，那就会祸害无穷。那些梦想不仅劳人心思，而且耗费了那些不切实际梦想者固有的天赋与才能。

在所有的梦想中，造福人类的梦想最有价值。约翰·哈佛用几百元钱创办了哈佛学院，就是后来世界闻名的哈佛大学，这是一个最好的例子。

人不仅要有梦想，还要激励自己去实现梦想。人若具有向上的志向，志向就会像一枚指南针，引导他走上光明之路。美好的梦想就是未来人生道路美满成功的预示。

希望具有鼓舞人心的创造性力量，它鼓励人们去尽力完成自己所要从事的事业。希望是才能的增补剂，能增加人们的才干，使一切梦想化为现实。

大自然是个公平的交易员，只要你付出相当的代价，你需要什么，它就会支付给你什么。人的思想就像树根一样，遍布在四方，这许多思想的根产生活力，就能带来希望。

候鸟在冬天飞去南方，正是由于南方给了候鸟以生存的希望。生活给人们以希望，希望实现更伟大、更完美的生命，希望人格获得充分的发展。所以，只要努力去干，都有实现愿望的可能。

希望也有合理与不合理之分。所谓合理的希望并不是那些荒诞不经、超越情理的妄想。最珍贵的希望就是有完善的人格，希望在很长的时间内把才能卓越地发挥出来。从一个人的希望能够看出他在增加还是减少自己的才能。知道一个人的理想，就能知道那个人的品格、那个人的全部生命，因为理想是足以支配一个人的全部生命的。

在树立希望以后，人的思想和感情便会变得坚定不移。因此，每个人都应有高尚的目标和积极的思想，更需下定决心，绝不允许卑鄙肮脏的东西存在自己的思想里、行动里，无论做什么事，都要向着高尚的目标前进。

积极进取的思想能促使人尽量地发挥他的才干，达到最高的境界。积极进取的思想能够战胜低劣的才能，可以战胜阻碍成功的仇敌。即使看似不可能的事情，只要抱定希望，努力去做，持之以恒，终有成功的一天。希望是事实之母，无论是希望有健康的身体、高尚的品格，还是有成功的事业，只要方法得当，尽力去做，便有实现的可能。

一个人有希望，再加上坚韧不拔的决心，就能产生创造的能力；一个人有希望，再加上持之以恒的努力，就能达到希望的目的。有了希望，还要有决心和努力的配合，如果对希望漠然视之，那么即使再宏大美好的希望也会烟消云散，化为泡影。

对于我们的生命，最有价值的莫过于在心中怀着一种乐观的期待态度。所谓乐观的期待，就是希冀获得最好、最高、最快乐的事物。

假如对于我们自己的前程，有着良好的期待，这就足以激发我们最大的努力。期待安家立业、安享尊荣；期待在社会上获得重要的地位，出人头地。这种种期待都能督促我们去努力奋斗。

假如一个人不想得到美好的享受，志趣卑微，对于自己也没有过高的期待，总是认为这世间的种种幸福并非为自己预备着的，那么这种人自然就永远不会有出息。

我们期待什么，便得到什么，人应该努力期待；假如我们什么都不期待，自然就一无所得。不思进取的人，自然不会过上美好的生活。

有了成功的期待，心中却常抱着怀疑的态度，常怀疑自己能力的不足，心中常对失败有多种预期，这真是南辕北辙！只有诚心期待成功的人才能成功。所以，做人必须有积极的、创造的、建设的、发展的思想，而乐观的思想也尤为重要。

有很多人虽然努力做事，但常常一事无成，原因在于他们的精神状态不与其实际努力相对应——当他们从事这种工作的时候，又在希冀着其他工作。他们所抱有的错误态度，会在无形中把他们所真正渴求的东西驱逐掉。不抱有成功的期待，这是使期待无法实现的巨大障碍。每个人都应该牢记这句格言："灵魂期待什么，即能做成什么。"

诸多成功者都有着乐观期待的习惯。不论目前所遭遇的境地是怎样的惨淡黑暗，他们对于自己的信仰、对于"最后之胜利"都坚定不移。这种乐观的期待心理会生出一种神秘的力量，使他们如愿以偿。

期待会使人们的潜能充分地发挥出来，会唤醒我们隐伏的力量。而这种力量如若没有大的期待，没有迫切的唤醒，是会长久被埋没的。

每个人都应当坚信自己所期待的事情能够实现，千万不能有所怀疑。要把任何怀疑的思想都驱逐掉，而化之以必胜的信念。在乐观的期待中，要有坚定的信仰，有了坚定的信仰，努力向上，必定会获得幸福。

敢于和强手过招

想想田径场上的长跑比赛，我们就可以悟出一些做事的道理。比赛开始，众人齐发，难分先后，但到了中途，选手们都会跟上某位对手，然后在恰当的时机突然加速超越，然后再跟住另一位对手，再在恰当的时机超越他！一直冲至终点。

长跑，尤其是马拉松比赛，是一种体力与意志的比赛，而意志力尤其胜过体力，有人就因为意志力不足，体力本来还够时就退出了比赛；也有人本来领先，但却在不知不觉中慢了下来，被后面的选手赶上。跟住某位对手就是为了避免这种情形的产生，并且利用对手来激励自己别慢下来，也提醒自己别冲得太快，以免力气过早耗尽！另外这也有解除孤单的作用。你如果观察马拉松比赛，便可发现这种情形：先是形成一个个小集团，然后再分散成二人或三人的小组，过了中间点后，才慢慢出现领先的个人！

其实，人生不就是一段"长跑"吗？既然如此，那何不学习一下长跑选手的做法，跟住某一个人，把他当成你追赶并超越的目标！

不过，你要找的"对手"应是有一定条件的，而不能胡乱去找。

你应以周围的同事或同学为目标，当然你要找的目标一定要在所取得的成就或能力方面都比你强。换句话说，他要"跑"在你前面，但也不能跑得太远，因为太远了你不一定追得上，就算能追上，也要花很长的时间和很多的力气，这会让你跑得很辛苦，而且挫折太多。

"对手"找到之后，你要进行综合分析，看他的本事到底在哪里，他的成就是怎么得来的，平常他做事的方法，包括对他的人际关系的建立、个人能力的提高等，都要有所了解。研究之后你可以学习他的方法，也可以通过自己的方法下功夫，相信很快就会取得成效——慢慢地你会和他并驾齐驱，然后超越他！

等超越现在的"对手"后，你可以再跟住另一个"对手"，并且再超越他！如此不断，你一定能领先他人，即使拿不到冠军，也不至于被很多人甩下。

不过你得注意一个事实，在长跑里，跟住一个对手并不一定就可以超越他，可能你跟上了他，他发现后几大步就把你甩在后头了！做事也是如此，好不容易接近对手，他又把你抛在后面了。当你处于这种情形时一定不要灰心，因为这种事难免会碰到，碰到这种情形，如果能跟上去，当然是要跟上去。如果跟不上去，那实在是个人的条件问题，勉强跟上去，只会提早耗尽体力。那么这样不是白跟了吗？不！因为你"跟住对手"的决心和努力已经让你在这"跟"的过程中激发出了潜能和热力，比无对手可跟的时候进步得更多、更快！而经过这一段"跟"的过程，你的意志受到了磨炼，也验证了自己的成绩和实力，这将是你一辈子受用的本钱！

当然也有可能你找到了对手，但就是一直跟不上去，甚至还被后面的人一个个超越过去，这实在令人难堪。碰到这种情形，我们还是要发挥比赛的精神，跑完比赛比名次更重要。人生也是如此，你努力的过程比结果更重要，只要自己真正尽力就行了。就怕半途退出，失去奋勇向前的意志，这才是人生最悲哀的一件事！

第四章
幽默是幸福生活的润滑剂

幽默就在我们身边，但有时它却令我们难以琢磨、难以理解。幽默到底是什么样子的呢？有人说幽默的脸是美丽的，幽默的笑是友爱的，幽默的心态是乐观的，幽默的意志是坚强的，幽默的品格是豁达的。幽默包含着人生非同一般的大智慧。

幽默是智慧的化身

幽默是智慧的产物。如果把幽默比拟成一个美人,她应该是内涵丰富、艳若桃花、气质如兰的,她应当能给人带来愉悦的享受。她比滑稽更有气质,也更加耐人寻味。

幽默之美,首先在于一种喜剧精神。我们说幽默具有喜剧精神,并不是说要将幽默看成一种喜剧。幽默本身是独立的,它自成体系。幽默中的喜剧精神是针对它和喜剧一样能使人愉快这一点而言。喜剧未必是幽默的。

卓别林的第一个喜剧的场景是这样的:他走进了休息室,绊倒在一位老太太的脚上。他转身向她抬了抬他的帽子,表示道歉。接着,他刚扭过身,又绊倒在一个痰盂上,于是又转过身去向痰盂抬了抬他的帽子。

从喜剧精神方面来说,与上述略带闹剧色彩和滑稽习气的喜剧相比,幽默应该用感官触角引起人们的想象,从而使人产生生理和心理上合二为一的美感。

幽默之美,其实在一种意境。表达者通过自己的精心安排,诱导欣赏者经过前因后果的推理、联想,最终产生一种心理愉悦。

有人问前世界轻量级拳击冠军琼·瓦特:"你愿意写什么样的墓志铭?"琼·瓦特笑着回答:"你爱数多少下就数多少下吧!反正

我这次是起不来了。"

体育竞技是人类挑战生理极限的运动，利用它作为素材来制造幽默，能给人以美的联想。幽默之美又是含蓄之美，林雨堂说："幽默愈幽愈默而愈妙。"

拿喝茶来说。在最好的茶的品类里，无论是西湖龙井，还是铁观音、碧螺春，都是刚喝的时候好像不觉得有什么特别的好味道，静默几分钟后才品味出茶中"只可意会，不可言传"的妙处。若有人因为铁观音的味道不太强烈，先加牛奶再加白糖，那只能说他不会喝铁观音。幽默也是雅俗不同，愈幽而愈雅，愈默而愈俗。幽默虽然不必都是幽隽典雅，然而从艺术的角度来说，自然是幽隽的比显露的更好。幽默固然可以使人隽然而笑，失声哈哈大笑，甚至于"喷饭""捧腹"而笑，而最值得欣赏的幽默却是能够使人嘴角轻轻上扬的微笑。

豁达的人最幽默

幽默展示了一种豁达的品格。豁达是对人性的一种肯定，亚里士多德就曾经说过："幽默发现正面人物在个别缺点掩饰下的真正本质。我们正是这样不断地克服缺点，发展优点，这也就是幽默对人的肯定的力量之所在。"

在半夜时分有小偷光临，一般不会令人愉快，可是大作家巴尔扎克却与小偷开起了玩笑。巴尔扎克一生写了无数作品，还是常常不免穷困潦倒，手头拮据。有一天夜晚他正在睡觉，有个小偷爬进他的房间，在他的书桌上乱摸。

巴尔扎克被惊醒了，但他并没有喊叫，而是悄悄地爬起来，点亮了灯，平静地微笑着说："亲爱的朋友，别翻了，我白天都不能在书桌里找到钱，现在天黑了，你就更找不到了。"

幽默显现了一种宽阔博大的胸怀。有幽默感的人大多宽厚仁慈，富有同情心。幽默不是超然物外地看破红尘，幽默是一种积极豁达的人生观念。

豁达不是伟人的专利，普通人也会具有这种修养。

有一位顾客正在一家小餐馆进餐，吃到一半时，他突然高喊："服务员，快来呀！"在场的人都吃了一惊，当服务员赶来时，他不慌不忙地朝饭碗里指了指，说道："请帮我把这块石头从饭碗里抬出去好吗？"

这种幽默得近乎艺术化的表达比起板起面孔的训斥要好上何止百倍。华盛顿总统曾经说过："世界上有三件事是真实的——上帝的存在、人类的愚蠢和令人好笑的事情。前两者是我们难以理喻的，所以我们必须利用第三者大做文章。"

一天，罗伯特敲开了邻居的门："请把您的收录机借给我用一晚上好吗？""怎么，您也喜欢晚间特别节目吗？""不，我只是想夜里安安静静地睡上一觉。"

幽默不是以居高临下的超然态度来讥讽他人的愚蠢可笑，而是在嘲笑他人的同时，又倾注了对包括自己在内的人类可悲本性的哀怜，它是一种内涵复杂的表达。

幽默不只是对眼前种种现象的发现和反应，而又与一种更为抽象的人生观念相关联。幽默引起的不只是哄堂大笑，有时还有苦涩的微笑或含泪的强笑。幽默以悠然超脱或达观知命的态度来待人处世。这与那种以功利观对待人生的态度是格格不入的。英国现代杰出的现实主义剧作家萧伯纳就把世事看得很超脱。

有一次萧伯纳在街上行走，被一个冒失鬼骑车撞倒在地，幸好没有受伤，只虚惊一场。骑车人急忙扶起他，连连道歉，可是萧伯纳却做出惋惜的样子说："你的运气不好，先生，你如果把我撞死了，你就可以名扬四海了！"

不是责难，不是"谩骂"，萧伯纳以幽默的态度对待冒犯者。

将世事看得超脱的人，观览万象，总觉得人生太滑稽，不觉失声而笑，在这样的不觉失声中，笑不是勉强的。他们眼中的幽默，不管是尖刻，是宽宏，是浑朴，是机敏，有无裨益于世道人心，听它就够了。因为这尖刻、宽宏、浑朴、机敏无不是出于个人真性情，无不是一种自然而然的超脱与达观。

社交场合中难免会发生冲突，由于某种原因，你必须对朋友当场提出批评时，不妨采取上面这种曲折暗示的方法，这样既能表达你的意见，又能避免短兵相接、激化矛盾，还能表现你豁达大度的良好修养。豁达是一种伟大的品格，幽默能恰到好处地帮你展现这种伟大的品格。

有一种坚韧叫幽默

在漫长的人生道路上,每个人都难免会与逆境狭路相逢。很多人畏惧逆境带来的动荡和痛苦,但从长远看,时常有些小挫折,倒是更能使人保持头脑清醒,经受得住考验,也更能磨砺人的意志。

幽默的人相信失败是成功之母。失败和成功在一定条件下是可以相互转化的,正因为曾经有失败,所以才能在不断地总结失败的教训后获得成功。如果一个人一直都被成功包围,那么,偶尔一次小小的失败对他来说可能就是一次相当残酷的考验,失败可能就会如影随形。

幽默中渗透着一种坚强的意志。有幽默感的人往往是一个奋力进取的弄潮儿,他们面对失败的打击或恶劣的环境,能够以幽默的态度自强不息。发明家爱迪生就是一个善于以幽默的态度对待失败而又不断进取的人。

爱迪生在发明电灯的过程中,试验灯丝的材料失败了1200次,总是找不到一种能耐高温又经久耐用的好金属。这时有人对他说:"你已经失败1200次了,还要试下去吗?""不。我并没有失败。我已经发现1200种材料不适合做灯丝。"爱迪生幽默地说。

爱迪生就是以这种惊人的幽默力量,从失败中看到希望,在挫折中找到鼓舞，这就是这个伟大的发明家百折不挠、硕果累累的诀窍。有时候面对失败，我们的意志和信心可能会滑坡，而适时的幽默可以帮助我们避免这一点。

有人打网球打不过他的朋友，他就可以幽默地对他的朋友说："我已经找出毛病在哪里了，我的嗜好是网球，可我却到乒乓球俱乐部里去学习。"他也可以说："咱们打个平局，怎么样？我不想处处赶上你，你也别超过我。"

这种幽默不是自欺欺人，也不是要我们和鸵鸟一样在看到危险的时候把头埋进沙子里，这种幽默可以有效地防止我们的意志滑坡，还能在会心一笑中拉近我们同他人的心理距离。

幽默是大度的前提

"幽默"为英文 humor 的音译，透过影射、讽喻、双关等修辞手法，在善意的微笑中，揭示生活中乖谬和不通情理之处。

"幽默"这个名词的意义虽难以解释，但凡是真正理解这两个字的人，一看见它们，便会极自然地在嘴角上浮现出一种会心的微笑来。所以你若听见一个人的谈话或是看见一个人作的文章，其中有能使你自然地发出会心微笑的地方，肯定那谈话或文章中含有"幽默"的成分，或者称那谈话是幽默的谈话，叫那文章是幽默的文章。

有一次，泰戈尔接到一个姑娘的来信："您是我敬慕的作家，为了表示我对您的敬仰，打算用您的名字来命名我心爱的哈巴狗。"泰戈尔给这位姑娘写了一封回信："我同意您的想法，不过在命名之前，你最好和哈巴狗商量一下，看它是否同意。"

泰戈尔是如此的宽容和蔼，他的回信又多么饱含智慧！"幽默"二字太幽默了，每每使人不懂。用"会心的微笑"来解释就很恰当，而且容易理解。因为"幽默"既不像滑稽那样使人傻笑，也不像冷嘲那样使人在笑后觉得辛辣。它极适中地使人在理智思考过后，在情感上产生会心甜蜜的微笑，这是最高级的幽默。幽默的种类繁多，微笑为上乘，傻笑也不错。含有思想的幽默，如萧伯纳的幽默，固然有益于人，无所谓的幽默，如马克·吐温的幽默，也是幽默的正宗。

幽默的人生观是真实、宽容、同情的人生观，幽默的人看见虚假的东西就发笑。所以不管你是虚假新闻、虚假广告，还是一大堆人崇拜、袒护、掩护、维护的虚假偶像，都敌不过幽默的哈哈一笑。只要它看穿了你的东西是假冒的，哈哈一笑，你便毫无办法。所以幽默的人生观是真实的，是与虚假相对的。

幽默又是同情的，这是幽默与讽刺的不同之处。幽默绝不是板起面孔来专门挑剔人家的不好，也绝不专门对人说些俏皮、奚落、挖苦、刻薄的话。幽默甚至厌恶那种刻薄讥讽的做法。林雨堂说："幽默看见这不和谐的社会挣扎过活，有多少的弱点、偏见、迷蒙和俗欲，因其可笑，觉得其可怜，因其可怜又觉得其可爱。像莎士比亚看他戏中的人物，像狄更斯看伦敦社会，虽然不免好笑，却是满肚子我佛慈悲，一时既不能补救其弊，也就不妨用艺术功夫著于纸上，以供人类自鉴。有时候社会出了什么大事，大家才不会冷酷地把一人的名誉用'众所共弃'四个字断送，而自以为是什么了不得的正人君子了。"

幽默的含义很多，有诙谐意味的，也有调侃意味的。文学上所谓的幽默文学，是指谑而不虐，令人莞尔的文字。

生活中某些人举止潇洒、言谈风趣，往往能一语解颐，消除紧张或尴尬的气氛，我们就说这种人具有"幽默感"。俄国作家赫尔岑就是一个"具有幽默感"的人。

赫尔岑在一次宴会上被轻佻的音乐弄得非常厌烦，便用手捂住耳朵。主人解释说："对不起，演奏的都是流行乐曲。"赫尔岑反问道："流行的乐曲就一定高尚吗？"主人听了很吃惊："不高尚的东西怎么能流行呢？"赫尔岑笑了："那么，流行性感冒也是高尚的了！"

赫尔岑一句幽默的话点出了对方话语的荒诞和浅薄，却又并不尖酸刻薄，而是在笑声中使对方认识到自己的错误。

人生如演戏，生活如戏台，芸芸众生又如戏中傀儡。如能看破人生的严肃面，自然能以较轻松的态度应付人生。幽默感正是从这种轻松的生活态度中自然流露出来的。

会幽默才有好心态

凤凰城著名演说家罗伯特说:"我发现幽默具有一种把年龄变为心理状态的力量,而不是生理状态的。"他还有另外一句著名的妙语:"青春永驻的秘诀是谎报年龄。"他70岁生日时,有很多朋友来看望他,其中有人劝他戴上帽子,因为他头顶秃了。罗伯特回答说:"你不知道光着秃头有多好,我是第一个知道下雨的人。"

幽默能让世人笑口常开,从而能从一种乐观向上的生活态度中获得幸福的感觉。

在一个小山村里,有一对残疾夫妇,女人双腿瘫痪,男人双目失明。一年四季,女人用眼睛观察世界,男人用双腿丈量生活。时光如水,却始终没有冲刷掉洋溢在他们脸上的幸福。

有人问他们为什么如此幸福时,他们异口同声地反问:"我们为什么不幸福呢?"男人笑着说:"我双目失明,才能完全拥有我妻子的眼睛!"女人也微笑着说:"我双腿瘫痪,我才完全拥有他的双腿啊!"

这就是幸福,一种乐观豁达的胸怀,一种幽默的人生佳境!拥有了这种胸怀和这种境界,心灵就犹如有了源头的活水,我们就能用心灵的眼睛去发现幸福,发现美。在我们眼中,姹紫嫣红、草长莺飞是美的；大漠孤烟、长河落日也是美的；我们甚至可以用心领会到"留得残荷听雨声""菊残犹有傲霜枝"的优美意境。这就是乐观，这就是幸福……

如果我们像那对夫妇一样，抱着这种乐观的生活态度，去发现幽默，发现幸福，我们必然能生活在欢声笑语中。

有一次，美国第26任总统西奥多·罗斯福的许多东西被偷了。他的朋友写信安慰他，他在给朋友回信中说："谢谢你来信安慰我，我现在很平静。这要感谢上帝，第一，贼偷去的是我的东西，而没有偷去我的生命；第二，贼只是偷去了我一部分东西，而不是全部；第三，最值得庆幸的是，做贼的是他，而不是我。"

欢乐和笑声是人们生活中必备的良药，它使人们保持一种乐观的生活态度。只要幽默存在，就能使人放松心情，而唯有贤者才能在任何情况下都保持宽松的心境。

拥有乐观的人生态度是幸福的支柱，而幸福是乐观要抵达的目的地，要想使自己幸福，就要首先具备乐观的精神和幽默的心态。

生活是多姿多彩的，关键是你用什么样的眼光来看待它。拥有一个正确的视角，你会发现生活原来如此美好。

幽默是可爱的伙伴

一位哲人说过：幽默是我们最亲爱的朋友。我们的生活需要幽默，我们的人生需要幽默，一个健全的社会更不能没有幽默。没有了幽默，生活将会变得单调而缺乏色彩，岁月将会变得枯寂、干涸。幽默给予我们的是源源不断的甘泉，它滋养着我们的心灵，润饰着我们的生活。幽默使我们在黑暗中看到光明，在绝境中看到希望；它是寒冬里的一盆炉火，它是窘迫时的一个笑容，幽默美妙而又神奇。

幽默感是一种能力，一种与人沟通的能力。

幽默是一种艺术，一种运用幽默感来增进你与他人关系的艺术。

幽默以善意的微笑代替抱怨，使你的生活变得更有意义。

幽默可以帮助你减轻人生的各种压力，摆脱困境。

幽默也能帮助你战胜烦恼，振奋精神，转败为胜。

当你把你的幽默作为礼物赠予他人时，你会得到相应的甚至更多的回报。

希腊哲人亚里士多德关于幽默的见解很值得我们品味。他说："幽默绝不轻易消灭自己的对象，而是力图消灭它的缺点，使其日臻完善。幽默的对象是指那些本质美好，却又并不完美的事物。当一种社会现象的总趋势是积极的、进步的，但又存有某些缺点或陈腐的东西时，我们便采用这种略带嘲讽的口吻，幽默地肯定事物的本质，肯定其基本与主要的方面，清除那些陈腐的东西以及偶尔沾染的恶习，使其有益于社会价值的东西充分地显示出来。"

幽默是一门艺术

幽默是一门魅力无穷的艺术，幽默用它特有的魅力使许多人为之倾倒。世界各国的人都以其特有的方式体现着他们的幽默。

幽默是一门艺术，懂得了如何收集、开发、运用幽默的资源，就知道了如何面对纷繁复杂的人生。有人生阅历的人都会认识到以幽默面对人生困难的重要性。

幽默会使人以愉悦的方式表达人的真诚、大方和善良。它像一座桥梁，拉近人与人之间的距离，填补人与人之间的鸿沟，人的幽默感是心智成熟、智能发达的标志，是建立在人对生活的公正、透彻的理解之上的。理解生活应当说是高层次的能力，在此基础上，才能产生更好的生活能力。

一般具有幽默感的人都有一种出类拔萃的人格，能自在地感受到自己的力量，独自应付任何困苦的窘境。也许我们不能像林肯那样能言善辩，但我们确实也可以时时去转动一把钥匙——幽默。

一般来说，培养自己的幽默感，也就是培养自己的处世、生存和创造的能力。生存能力较强的人通常也是一个有影响力和感染力的人。而一个人是否有影响力，在一定程度上取决于他是否具有幽默感，是否掌握了幽默这门艺术。

歌德有一次出门旅行，走进一家饭馆，要了一杯酒。他先尝尝酒，然后往里面掺水。

旁边一张桌子坐着几个贵族大学生，也在那儿喝酒。他们个个兴致勃勃，吵吵嚷嚷。当他们看到邻座的歌德往酒里掺水时都笑了。

其中一个问："亲爱的先生，请问你为什么往酒中掺水呢？"

歌德回答："光喝水使人变哑，池塘里的鱼儿就是明证；光喝酒使人变傻，在座的先生们就是明证。我不愿做这二者，所以把酒掺了水再喝。"

一个掌握了幽默艺术的人，他的幽默语言和行为会一传十、十传百，会有很多人来传播他的思想、观点。

幽默的效果一旦出现，人所要传达的资讯也随即被他人接受。无论他人是反对还是支持，至少他已了解了你的想法，你的影响便由此而产生。

幽默是一种高雅的情调

言语幽默虽包含着引人发笑的成分，但它绝不是油腔滑调的故弄玄虚或矫揉造作的插科打诨。有幽默感的人大都有较高的文化水平和良好的品德修养，而一个不学无术的人则往往只会说一些浅薄、低级的笑话。

情调高雅的言语幽默总是于诙谐的言语中蕴含着真理，体现着一种真善美的艺术美。因而，言语幽默必须是乐观健康、情调高雅的。

鲁迅是言语幽默的大家，有一次他与兄弟在一起聊天，侄子注意到他们兄弟俩长相的差异，好奇地问道："伯伯的鼻子怎么是扁的？"鲁迅不假思索地答道："是呀，我经常碰壁，时间久了，鼻子碰扁了。"逗得兄弟哈哈大笑，孩子们也跟着笑起来。

幽默在交谈中有重要的意义。真正的言语幽默，必定是以健康高雅的话语、轻松愉快的形式和情绪，去揭示深刻、严肃、抽象的道理，使情趣与哲理达到和谐统一。

美国著名小说家马克·吐温也善于使用言语幽默。

有一次他到一个小城市去，临行前别人告诉他，那里的蚊子很厉害。到了那里以后，当他正在旅馆登记房间时，有一只蚊子在他面前来回盘旋，店主正在尴尬之时，马克·吐温却满不在乎地说:"你们这里的蚊子比传说的还要聪明,它竟会预先看好我的房间号码,以便夜晚光顾。"大家听了不禁哈哈大笑。于是全体职员出动,想方设法不让这位作家被那预先看房间号码的蚊子叮咬。

言语幽默最能体现受人欢迎的"趣""隐"等言谈的风采,它在深层的变化渊源与内核上赋予平常的言谈以力透纸背、意蕴深长的力量,并从色彩和情调上给人着迷的缤纷和欢悦。言谈明显具有雅俗之别、优劣之分,言谈优雅者也往往是言谈幽默者。谈吐隽永每每使人心中一亮,恍如流星划过暗夜的太空,光华只在瞬间闪耀,美丽却在心中存留。

铁血首相俾斯麦有一次和一名法官相约去打猎,两人在寻觅动物时,突然从草丛中跑出一只白兔。

"那只白兔已被宣判死刑了。"

法官好像很自信地这么说了以后,便举起猎枪,可是并没有打中,白兔跳着逃走了。看到这种情形的俾斯麦,当即大笑着对法官说:

"它对你的判决好像不太服气,已经跑到最高法院去上诉了。"

办事时如果借助言语幽默,你成功的可能性便大大增加了。幽默能创造友善,避免尖锐对立。俗话说:"笑了,事情就好办!"就是这个道理。

老李在餐厅坐了很久,看到别的客人吃得津津有味,只有他仍无侍者来招呼,便起身问老板:"对不起,请问——我是不是坐到观众席了?"

老李没有大声地谴责服务员服务不周,反而用幽默的语言提醒对方，表现出良好的个人修养，使一个小小的幽默变得格调高雅，这就是个人品质对言语幽默的提升作用。言语幽默不光能在交谈中使用，在书信等书面交流用语中使用它更能产生高雅的情调。

据说《大不列颠百科全书》最初几版收纳"爱情"条目，用了5页的篇幅，内容非常具体。但到第14版之后这一条目却被删掉了，新增的"原子弹"条目占了与之相当的篇幅。有一位读者为此感到愤慨，责备编辑部藐视这种人类最美好的感情，而热衷于杀人的武器。对此，该书的总编辑约斯特非常幽默地给予了回答：对于爱情，读百科全书不如亲身体验；而对于原子弹，亲身尝试不如读这本书好。

这位总编辑幽默的回信中包含了很深的哲理，他将爱情和原子弹进行比较，在答复读者质问的同时又表达了他和读者一样，珍惜人类最美好的感情，不愿原子弹成为"人类之祸"的思想。编辑简单明了又具有穿透力的言语使幽默提升到一个更高的层次，具有了更深、更广的含义。

言语幽默多是三言两语、轻描淡写的。它既不像戏剧那样有激烈的矛盾冲突，又不像小说那样有完整结构的故事情节，但是它的确具有一种特殊的穿透力和一种高雅的情调。

幽默是有风度的表现

从心理学的立场来说，人们借着和他人相处来发现真实自我，并实现自我。但首先人们要脱掉虚伪的外衣，真诚地表露自己。

有趣味的思想能有力地化解恨意。拥有幽默感的人宁可随意想想事情趣味的一面，也不愿去怨天尤人，自寻烦恼。

当你具备了妥善处理大小失误的能力时，你在心理上就算成熟了。对小错误比较能容易做到幽默处理。比如，你把早餐的面包烤焦了，或把晚餐烧焦了，你都能够一笑置之，重新准备一餐。但是如果你错过了升迁的机会，或者坐失发财的良机，就更需要将你眼前的失误拿来和人生的终极目标作一个比较。就长远来看，你还是有机会达到成功的，那一点损失算什么？

你以严肃的态度来面对的事，应该是你和他人之间的关系。但幽默对你生活上任何一件事都有感染的效果，它能使你工作热心、有勇气、肯努力。它使你把独特的自我投身到工作中，连最无聊的工作都可提升到表现自我的层次上。

你做愉快的事，说愉快的话，就会把这欢乐散布到四周。当你学会如何笑自己时，你会发现你已经掌握这种能力了。别人能接受并欣赏你，认为你是个开得起玩笑的人，特别是以你自己为开玩笑的对象时。

幽默的力量有以下三个层次：

其一，存在于只对自己讲的笑话能笑、能作趣味思考的人。

其二，出现在只对别人讲的笑话能笑、能作趣味思考的人。

其三，表现于那些能对自己作趣味思考的人。

这时一切的问题和困扰都会自动削减其重要性，而达到抚慰人心的效果。

上面所提出的建议都是获得幽默及其力量中最基本的。如果要把幽默的力量装进胶囊里，那么其中的成分应该包含有恰当辨认的能力。幽默的力量沿着人与人之间沟通的途径而活跃，我们要能适当辨认它而对它有所反应。以笑谈自己来坦诚对人，你会让人看到原原本本的你。这一点很重要！当我们坦诚开放地对别人表露自己时，就足以影响别人，使我们了解他的动机、梦想和目标。于是，你与他人之间所共有的自我了解会缩短你们之间的距离。

人绝不可能对别人太开放。因为越开放，也越能表现自己的潜力。但是人们绝不能单以抱怨和批评来开放自己，而要用幽默力量来帮助自己，以轻松的心情对待自己，对自己作趣味的思考。那你就能让别人发现你是个能冒险、敢尝试、能面对错误、能真诚表露自己的人。于是，你就打开了人类沟通的途径。

同样的道理，你也不能期望每次讲了一则趣事或发表了幽默的话，就一定有所获。但如果不加尝试，也就无法有收获了。

当你从自己的感受而非从理智来表达幽默时，你有所收获的机会必定大为增加。这时，你会发现最先笑的人也就是最懂得笑的人。

在生活中，沟通失败是常有的事，幽默的高压电有时也会有走火的危险。当我们开玩笑、说笑话、讲妙语的时候，就有责任把意思明确表达出来。

人的感情和心情也会传达出非语言的信号给人，但话语的明确表达，能帮助我们澄清信号不明所带来的不良效果。从心理学上来讲，我们必须考虑自己话中所隐含的感受以及别人的话中所含的感受，价值标准的不同也会影响我们了解话语的方式。

一个年轻人在与朋友进行友善的谈话或讨论时，发现有一个人反对他的看法。这个年轻人想改变此人的想法，就这么说："你这个人又呆又固执。"但这样一来，矛盾就加深了，会造成不好的效果。在这时候，年轻人也许会说："我对你的反应方式是，你是猪脑袋、笨脑袋、硬脑袋。这些正是你的优点。"

但这样沟通就会中断，如果年轻人能运用幽默力量，他会说："我看得出你认为我的脑袋像猪，那正是我的优点。"他也许不能立刻改变那人的想法，但至少打开了改变的可能性。

要明白，倾诉的力量能增进幽默的力量，因为一个真正懂幽默的人是能对别人说的笑话和趣事发笑的人，而不是迫不及待要讲自己笑话的人。

现在的社会，个人、家庭或职业生活都十分注重效率。人们希望更有组织，更有系统，凡事讲求效率，因为人们认为这样可以省下时间来，好让自己能更自由地去享受人生。但如果人们所要求的只是高效率，结果可能适得其反。相信幽默能使我们做事更有效果。这样一来我们才能真正利用时间，而不是只把时间省下来。比如，我们去开会或赴宴时，如果坚持非准时到不可，那就是有效率。但是我们如果只着眼时间问题，而在会议时什么也不说，那就没有效果。

事实上，讲求实效地注意细节，更容易让他人答应你的要求，虽然他本来想拒绝。在会议上，同意可能表示"我真不知道他的用意何在"或"会议再不快点结束，我午餐的约会就要迟到了"。

无论你是在主持会议，或晚餐时与人谈话，或在任何为私为公的情况下与人交谈，幽默都能助你表现得更有人性，并激励他人而得到实效。你可以引发有裨益而又恳切的讨论，而不是得到空洞的同意。

办公事时，你可以先幽默地提出问题，然后严肃地提出解决的办法会得到更好的效果。趣味的思想可以从你的感觉、举止甚至话语中产生。你以感觉来打开别人情绪表达的通道，帮助他对自己有较好的感受。

有时幽默力量的给予和获取，虽然未能带来立即的升迁效果，但总对人们有益。下面这个例子就很有启发性。

龙恩在一个会计部门任职员，有一次发薪时竟收到一个空的薪水袋。他没有气得跳脚，也没有破口大骂，他只是过去问发薪部门的人："怎么回事呢？难道说我扣除的薪水竟然追上了整个月的薪水吗？"

当然龙恩最后得到了补发的薪水。在这里，他还表现了对别人犯的错误不直说出来的幽默，他正是与人分享了幽默的力量——当我们能看到工作场合中趣味的一面，就能得到同事的赞扬。

贝利在一家大企业公司的运输部门负责文书工作。当这个公司被另一个大公司合并以后，贝利就在人事变动的波浪中沉浮不定。新来的同事似乎对他不太友善，直到有一天贝利运用了幽默的力量。

"他们可不敢把我革职，"他解释，"什么事我都远远落在人后。"

贝利以取笑自己使他的新同事和他一起笑，并帮助他建立友善、合作的共事关系。如果贝利这一句妙语真的显示他确有将今天的工作拖延到明天的恶习，这也提醒他，使他更知自我了解。他可以以幽默来检讨自己的拖延毛病，并改进自己的表现，从而取得成功。

当你运用幽默力量去帮助别人更有成就时，你会发现不仅更容易将责任托付给人，而且能更自由地发挥进取精神。

机智与幽默同行

梁实秋先生说过："没有机智的人，不可能表现出高度的幽默。"

"机"是快速的反应，幽默往往要在最恰巧的时机灿然出现，才能给人灵光一闪之感，所以需要抓住"第一时间"的反应。"智"则是智慧。真正高级的幽默往往并不直接，因为幽默多少带着几分谐谑，如果太直接，难免尖刻伤人，所以要绕个弯子来，品位才显得高。那绕弯子就非智慧不能达到了。

有一个美国总统候选人在竞选对手提问"你一无所长，到底有哪样比我强"时，只是淡淡一笑：

"我实在跟阁下差不多，阁下的优点，我全有！我的缺点，阁下也都具备！"

这句话，若不是聪明人，还真难会意，它的妙处是表示："我的优点，等于或大于阁下！阁下的缺点，等于或大于我！"

当然这种反转式的句法，也不总是用于攻击。比如在"金钟奖"的颁奖典礼上，某电视公司的得奖人，在致辞时说：

"过去我以公司为荣，但是今天（顿一下）公司要以我为荣！"顿时引得满场热烈的掌声。

他这句话的妙处不仅在于句子的反转，更在其中的停顿，引起听众预期的心理，甚至使人有错误的预期，然后峰回路转，一语惊人！

梁实秋先生就善于这种幽默，他曾说：

"从来不相信儿童是未来世界的主人翁，（一顿）因为我处处看见他们在做现在世界的主人翁！"

在现实生活中也不乏类似的幽默。一位著名小提琴家到高中座谈，在学生发问告一段落之后，小提琴家说：

"刚才有些问题问得很好，但是有些问题……"他停顿了一下，学生都紧张起来，以为他要批评问得不好。就在这一刻，小提琴家继续了下面的话："简直是好极了！"赢得一片欢呼。

这些都是将听众先做错误的导向，而后语锋突转，达到幽默的效果。有时幽默也可用来反击，即以隐喻迂回的方式来劝谏人。

某电视台的摄影记者因为机器突然故障，不得不用一架家用的小相机应急。不料那被采访者的家属，竟然带着几分嘲笑地说：

105

"早知道您用这种小机器,我就自己拍好送给你!"

摄影记者回头一笑:"这也就是为什么要我来拍的道理!"

他这句话真可以说是既幽默而且含蓄地给予还击。

"淡淡地",这正是幽默的最高境界,如同会说笑话的人,往往自己面无表情、毫无笑意,却冷不防地说出叫人前仰后合的话。

在模仿中制造幽默

大多数人都有一些不好的语言习惯,比如走路时不停地自言自语;讲话时带有口头禅;说话语调阴阳怪气等。这些语言上的坏习惯经常出现,身旁的人也就习以为常,见怪不怪。但如果有人突发奇想,对他人语言上的一些坏习惯进行模仿,使这些坏习惯忽然离开了他的主体,出现在模仿者身上,那么这些坏习惯就会令人感到可笑了。他人语言上的坏习惯是我们用来制造幽默的好材料。

模仿愚人说话能产生幽默。当年,适逢齐鲁大学校庆,山东军阀韩复榘在演讲台上扯出下面这么一大段信口雌黄、狗屁不通的"笑话"。

"诸位,各位,在齐位:

"今天是什么天气?今天是讲演的天气。开会的来齐了没有?看样子大概有五分之八啦,没来的举手吧!没人举手?很好,都到齐了。你们来得很茂盛,鄙人也实在是感冒……今天兄弟召集大家来训话，兄弟有说得不对的地方，大家应该互相关心，因为兄弟和大家比不了。你们都是文化人，都是大学生、中学生和留洋生，你们这些乌合之众是科学化的、化学化的，都懂七八国的英文，兄弟我是大老粗，连中国的英文也不懂……你们是从笔筒子里钻出来的。兄弟我是从炮筒子里钻出来的。今天到这里讲话，真使我蓬荜生辉，感恩戴德。其实我没有资格给你们讲话，讲起来就像……就像……对了，就像对牛弹琴。"

话语间，他一再表明自己是大老粗，可又一心想充文化人，以至于滥用辞藻、颠倒黑白。看过这段话，大家一定会发现，这段话绝对符合幽默学上所说的出人意料的效果，毕竟谁能想到时任山东省主席的韩复榘竟是这样一个没有文化的大草包呢。不过就是上面这么一段，从模仿的角度来看，却是模仿的好素材。如果在某些场合说话时，你也来上这么一段，一定会令听众笑掉大牙。

学习结巴也能产生幽默。小孩子就特别喜欢学结巴的人讲话，大人们听到了总是厉声呵斥。大多数人的结巴是天生的，有些人的结巴是后天因素造成的，正常人在紧张时，也会结巴。结巴不利于语言表达，这是一件不幸的事，但结巴却可以被用在制造幽默上。

一个结巴去买西瓜，发现只带了两元钱，就去问老板一个西瓜要多少钱。

结巴："老老老老老老板板，一一一一一个个个西瓜瓜瓜……"
老板听得很不舒服，没等他说完就帮他拿一个西瓜称了。

结巴："多多多多少钱。"

老板："三元八角！"

结巴："买买买买买买买买买……"

老板听得头皮发麻,没等他讲完就帮他切开了。

结巴:"买买买不不不不起!"

"……"

你可以在这样的时候模仿结巴制造幽默,别人问你:"你知道小王最近结婚了吗?"你可以故意这样说:"啊……啊,我怎么没……没听说啦,那那那你……你讲讲看。"运用这种幽默技巧时,结巴的口气要自然,停顿不要太多,但也要注意不要经常使用这种技巧。要知道结巴是能学出来的,如果真的变成结巴,到时候恐怕你就幽默不起来了。

第五章

健康是获得幸福的头等大事

不管是年轻人还是老年人,你必须认清健康的重要性。不要认为自己年轻力壮用不着为健康操心,今日的疏忽就可能是明日的灾难,健康是压倒一切的大事。没有了健康,金钱、地位,幸福也就都没有了意义。因此,从现在开始,请特别关注你的健康。拥有了它,你才能快乐幸福地生活。

把手中的烟扔掉

虽然人们已经越来越清楚地认识到了烟草对健康的危害，然而吸烟者还是占到了相当高的比例。世界卫生组织的一项调查显示，在工业发达国家，人的死亡有近20%都是由吸烟直接或间接造成的，因此请赶快扔掉手中的烟吧，别再让它伤害你的健康。

美国疾病控制与预防中心、吸烟与健康研究室研究发现，吸烟是引发白血病的因素之一。与不吸烟的人相比，吸烟者患白血病的危险高出15倍；有证据说明，吸烟者一旦戒了烟，患白血病的危险也随之降低。

有关检验结果发现，吸烟愈多，体力下降愈明显，血中钙与锌离子的浓度随吸烟量的增加而下降。过度吸烟的人，体内红细胞会明显增多，如长期下去，有患红细胞增多症的可能。红细胞增多症患者往往血液黏滞度较高，血液在血管中的流速减慢，易形成血栓，诱发脑卒中等。

英国爱丁堡学院的研究者曾对300多例白内障患者进行调查发现，烟、酒是诱发白内障的重要因素。统计证实，每天吸烟两包以上者，患白内障的可能性比不吸烟者高3倍，经常饮酒过量者其白内障发病率也高于一般人。

烟草的毒素除尼古丁外，还有吡啶、氢氰酸、氨、烟焦油、一氧化碳、芳香化合物等20多种毒性成分，能诱发各种疾病，如癌症、心肌梗死、胃溃疡、气管炎、肺心病等，可以说，全身各器官均会受害。下面就是吸烟容易引起的各种疾病：

1. 易患癌症

调查发现，长期大量吸烟的男性，肺癌、喉癌、食道癌、胰腺癌及膀胱癌的发病率比不吸烟的人高3倍。30多岁长年吸烟人的肺同80岁不吸烟人的肺差不多。英国一家癌症研究机构发表的一份报告说，因癌症死亡的人数中有30%与吸烟有关，吸烟是导致肺癌的罪魁祸首。

2. 易患咽炎、气管炎、支气管炎、哮喘

男人吸烟如果已有了相当的岁月，那么咽炎、气管炎等发生率就会很高。由于继续吸烟，这些疾病便经久不能好转，并且越来越重，可引起一系列连锁反应：发生肺气肿，再影响心脏，发生肺源性心脏病，然后影响到大脑，发生肺性脑病。

3. 使动脉发生粥样硬化

吸烟的人冠心病发病率比不吸烟的人高得多。已经患有冠心病的，可因吸烟而诱发心绞痛，甚至急性心肌梗死，这是很凶险的病症，严重的可突然死亡。吸烟还可以引起血栓性脉管炎，多见于四肢末端的血管，这是因为长时期受尼古丁的刺激，血管壁增厚，管腔变窄所致。

4. 影响胃肠功能和分泌功能

吸烟使胃液和胰液的分泌减少，食欲减退，并出现消化吸收功能障碍。吸烟还可能使消化道黏膜发生炎症。吸烟的人溃疡病发病率比不吸烟的人要高一倍。

很多人相信吸烟能提神，其实这只是一个错觉。吸烟者之所以感到吸烟提神，这是烟草中的尼古丁等物质有使人成瘾的作用。吸烟者在一定时间内不吸烟就会产生不安、困倦、注意力不集中等感觉，吸烟就会马上消除这些不适。因此说，抽烟有百害而无一利，既害人又害己。

现在越来越多的女人也成了"吸烟一族"，当然其中一些人并没有烟瘾，只是觉得吸烟引人注目，给人感觉很"酷"而已。不过这样做所付出的代价是很昂贵的，因为吸烟会加速女人的衰老，让你年轻不再。为了你的如花美貌，还是放下手中的烟吧！

饮酒要适量

现在的年轻男女很少有不喝酒的，除非他（她）确实对酒精过敏，应酬要喝、聚会要喝、高兴要喝，有了烦心事还要喝。其实适量饮酒并无害处，但如果过量就会严重损害人体健康。

古代医药学家们对酒的论述是：酒味甘辛。大热有毒，损益兼行。少饮通利血脉，和血行气，壮神御寒，厚肠胃，宣言畅意，消愁助兴，助药力，医家多用以行药势；多饮则体弊神昏，伤神耗血，生痰动火，软筋骨；过饮则腐肠烂胃，溃髓蒸筋，损胃亡精，易人本性，伤生之源。同时，古代医家们还告诫人们说："人知戒早饮，而不知夜饮更甚，既醉既饱，睡而就枕，热拥伤心伤目，夜气收敛，酒以发之，乱其清明，劳其脾胃，停湿生疮，动火助欲，因而致病者多矣；若夫沉湎无度，醉以为常者，轻则致疾败行，甚则丧邦亡家而陨躯命。"

元代名医朱丹溪则另有精辟的论述："本草止言酒热而有毒，不言其湿中发热，近于相火，醉后振寒战栗可见矣。又性喜升，气必随之，痰郁于上，溺涩于下，恣饮寒凉，其热内郁，肺气大伤。其始也病浅，或呕吐，或自汗，或疮疥，或泄利，或心脾痛，尚可散而去之。其久也病深，或消渴，或内疽，或肺痿，或鼓胀，或失明，或哮喘，或劳瘵，或癫痫，或痔漏，为难名之病。"

唐代大诗人白居易，嗜酒如命，致使他患上风痹病和眼病，后半生不胜苦恼。他曾有诗云："眼病损伤来已久，病根牢固去应难；医师尽劝先停酒，道侣多教早罢官。"从现代医学观点来看，医生对他的劝告是极为恰当的。现代有专家考证，白居易的眼病是"酒弱视"性的"闪辉性玻璃体浑浊"；而他所患的左手、左足的"风痹"是动脉硬化和脑血栓引起的。这两种病的发生，均与他常过量饮酒有直接关系，是慢性酒精中毒的结果。

所以《内经》说："以酒为浆，以妄为常，醉以入房……故半百而衰也。"《寿世保元》说："酒至三分莫过频。"《琐碎录》说："酒多血气皆乱，味薄神魂自安。"《韩诗外传》说："君子可以宴，可以酒，不可以沉，不可以酗。"古人对酒的论述及对世人的告诫都是宝贵的经验之谈，从中可得到许多有益的教诲。

酒的种类繁多，但无论什么酒，都含有乙醇，即酒精，其中以白酒含乙醇浓度为高。现代医学科学证实，如一次饮酒过度，便可引起急性酒精中毒，即醉酒的发生；饮酒成癖的人长期饮用含乙醇浓度高的酒，最终将会导致慢性酒精中毒。

急性酒精中毒，轻的可降低大脑的抑制过程，使大脑失去了对低级中枢的控制，而出现言语过多、兴奋等症状；重的可出现大脑的抑制逐渐扩散，低级中枢的功能也受到抑制，兴奋状态消失，抑制加深，于是动作失调，反应迟钝；更重的酒精中毒，可引起大脑深度抑制，出现嗜睡、昏迷，甚至可致呼吸中枢麻痹或心律不齐而死亡。

慢性酒精中毒，对人的危害是多方面的：

1. 损害肝脏。由于酒精需在肝脏分解，长期过度饮酒会造成肝功能减退，引起脂肪肝或酒精性肝硬化。研究显示，肝硬变的发生率饮酒者比不饮酒者高 7 倍。可以说酒对肝脏的损坏，主要为酒精对肝细胞代谢直接的毒性作用。

2. 使心脏发生脂肪变性，减低心脏的弹性和收缩力，影响心脏的正常功能；促使血管硬化，诱发心脑血管疾病。

3. 引发酒精性胃炎、胰腺疾病，加剧胃溃疡而引发胃出血。

4. 影响各种维生素的吸收，造成多种维生素缺乏和营养不良症，减低肌体的抵抗力。

5. 对脑组织的危害最甚，大脑神经不断遭到破坏，久而久之，使大脑容积逐渐缩小。表现为智力、记忆力下降，常有手颤、舌颤及老年性痴呆，或出现幻听、幻觉等精神反常现象。

6. 妨碍体内钙的代谢，从而造成骨质疏松。

7. 使神经系统充血，引发神经性头疼、末梢神经炎和多种眼病。

8. 诱发大肠癌。国外一项研究发现，每天饮酒的人要比不饮酒的人患大肠癌的危险性高 1 倍,而长期饮酒的人更易患大肠癌。

9. 损害性腺,使性腺慢性中毒,男性睾丸酮的分泌显著降低,发生酒精中毒性阳痿或不育;女性则可发生月经失调,停止排卵。

10. 损伤精子或卵子,祸及后代。酒后同房所生的孩子多有大脑发育不全或先天性疾病。

饮酒会影响人际关系,影响工作,有时还会发生意外的伤亡事故。在这里要提醒各位的是,如果你没有良好的自制力,做不到适量饮酒,那就干脆戒掉它,总之不能让它损害了你的健康。

告别四种不健康的生活方式

由于社会环境的影响和生活带来的压力,有很多年轻人都养成了种种不良的生活习惯和方式,尽管没有造成重大的疾病,但不良生活方式却使他们过早地出现老态。

生活方式对生命健康的影响是非常巨大的,好的生活方式可能会延缓衰老,给你的健康加分;而不良的生活方式就会加速你的衰老,损害你的健康。下面就是几种容易形成的不良生活方式,你不妨对照一下,有则改之,无则加勉。

1. 不吃早餐

许多上班族习惯不吃早餐。不吃早餐会损伤肠胃,使人无法精力充沛地工作,而且还容易衰老。

2. 饭后松腰带

生活中我们可以看到，一些男士吃得太饱时，总习惯将腰带放松一些，殊不知，这样会使腹腔内的压力下降，消化器官的活动和韧带的负荷量增加，易引起胃下垂，还会促使肠蠕动增加，出现上腹胀、腹痛、呕吐等消化系统疾病。

3. 饭后吸烟

有一句话叫："饭后一支烟，赛过活神仙。"其实饭后吸烟祸害无边。医学家研究表明，饭后吸一支烟中毒量大于平常吸10支烟的总和。因为饭后，人的胃肠蠕动加强，血液循环加快，这时人体吸收烟雾的能力进入"最佳状态"，烟中的有毒物质比平时更容易进入人体，从而更加重了对人体健康的损害程度。

4. 很少喝水

有些人为了工作和少上卫生间而尽量少喝水，结果造成饮水不足，体内水分减少，血液浓缩及黏稠度增大，容易导致血栓形成，诱发心脑血管疾病，还会影响肾脏清除代谢的功能。所以在没有心脏和肾脏疾患的前提下，我们要养成"未渴先饮"的习惯，每天饮水1000ml～1500ml，这样有助于预防高血压、脑溢血和心肌梗死等疾病的发生。加拿大著名的精神医学博士阿·霍发就提出过"摄取水分不足将导致脑的老化"的学说。

有些人喜欢用保温杯泡茶。我们知道，茶叶中含有大量的鞣酸、茶碱、茶香油和多种维生素，用80℃左右开水冲泡较为适宜，如果用保温杯长时间把茶叶浸泡在高温的水中，就如同用微火煎煮一样，会使茶叶中的维生素全遭破坏，茶香油也大量挥发，鞣酸、茶碱便大量浸出，这样不仅降低了茶叶的营养价值，还失去了茶香，并使有害物质增多。

不良的生活方式是隐形的健康杀手，它会慢慢地损害你的健康，因此如果不想成为自身健康的掘墓人，就要注意纠正不良生活习惯和生活方式。

不要让熬夜成了习惯

很多文化工作者，或者是做设计的年轻男女习惯于熬夜，有人是因为工作需要加班，有人干脆就是"夜猫子"，喜欢夜生活。其实熬夜是一种非常不好的习惯，它会给你的身体带来多种危害。

熬夜对人体的伤害不容忽视，这种发生在黑夜里的伤害对人体健康的不良影响主要表现在以下几个方面。

1. 使人体免疫力下降

经常熬夜，人体就常常处于疲劳不堪、精神萎靡的状态，人体的免疫力自然就会下降。之后，感冒、胃肠疾病、过敏、自主性神经失调等不适就会不期而至。自主性神经失调的症状直接表现在第二天早上上班的时候头昏脑涨、注意力无法集中、偏头痛。

2. 导致胃肠道的多种疾病

经常熬夜加班的人容易感到饥饿，所以吃夜宵就成了"夜猫族"生命活力的来源，但是这很容易引发肠胃危机，而且还会导致胃癌、大肠癌的发病率增高。由于胃肠道黏膜的恢复大多是在夜间进行，所以如果经常在夜间进食，胃肠道就不能得到必要的休息，恢复工作也就不能够很好地完成。其次，在夜间睡眠时，食物长时间停滞在胃肠道中，使胃液大量分泌，增加对胃肠道黏膜的刺激，久而久之，导致胃肠道黏膜的糜烂、溃疡，胃肠道的抵抗力就会下降。如果食物中又含有致癌物质，如经常吃油炸、烧烤、煎制的食物等，易引发胃癌、大肠癌。

3. 导致心脏病

医学报告显示，如果经常休息时间紊乱，人的生物钟就会遭到破坏，这时人会产生焦虑，脾气会变坏，同时像心脏这样的器官是不会因为白天休息晚上就做出调整，因此若长期黑白颠倒，心脏病发生的风险就会大大增加。

4. 引起肥胖

晚上九点之后进食为吃夜宵，夜间进食会导致人难以入睡。而且在隔日早晨会食欲不振，长期如此会造成营养不均、肥胖。

5. 提神更伤身

一提到熬夜提神，人们就会想到喝咖啡。咖啡中含有咖啡因，咖啡因的确使人精神振作，但是不能够提高工作效率，提神仅仅是短期行为。许多人在该睡的时候不睡，而是依靠咖啡提神，会导致自主性神经失调，加上夜晚空腹喝咖啡会加重对胃肠道黏膜的刺激，同时饮用咖啡可使体内维持神经肌肉协调性的维生素 B 缺乏，使人更易疲劳，结果就更多地饮用咖啡，形成恶性循环。

6. 损害皮肤健康

在熬夜加班后，你是不是发现自己的皮肤变得黯淡无光泽，一些细小的皱纹也变得明显起来，有时候甚至需要两三天才能恢复昔日靓丽。这都是熬夜惹的祸。如果经常熬夜，那么你的皮肤就会越来越粗糙，让你看上去至少要老十岁。

因此生活中你一定要避免过多地熬夜，避免不了的时候也可以尝试一些保护措施，譬如多喝热牛奶，使用一些保湿醒肤的保养品，还有在熬夜之后洗个舒服的热水澡等。

中年人保护健康要做好五件事

对男人来说，中年时期既是发展事业的黄金年龄，也是身体健康开始走下坡路的年龄，如果不想让诸多的疾病找上门来，那么就要从现在开始为保护你的健康而努力了。

世界卫生组织提出了男性健康的十大标准：

1. 有充沛的精力，能从容不迫地负担日常生活和繁重的劳动，而且不感到过分的疲倦和紧张；

2. 处事乐观，态度积极，乐于承担责任，事情无论大小不挑剔；

3. 善于休息，睡眠好；

4. 应变能力强，能适应外界环境的各种变化；

5. 能够抵抗一般性感冒和传染病；

6. 体重适当，身体均匀，站立时头、肩、臀位置协调；

7. 眼睛明亮，反应敏捷，眼睑不发炎；

8. 牙齿清洁，无龋齿，不疼痛，牙龈颜色正常，无出血现象；

9. 头发有光泽，无头屑；

10. 肌肉丰满，皮肤有弹性。

对照之后，如果你没有达到以上标准，那么你就该放下手中繁杂的工作，为你的健康"操点心"了。

1. 改变固有模式，主动寻求刺激。

促进健康的最好办法其实就是打破固有的生活方式，寻求多样化的刺激。人的生活也是同样的道理。如果总是保持固定不变的生活习惯和思维方式，就很容易感到厌倦和疲劳，就像被困在笼子里的动物一样，如果不主动寻求一些新鲜和刺激，便会逐渐萎靡、消沉而导致生病。

2. 滋补讲究细水长流。

慢性疲劳综合征正严重困扰着中年男人，以营养进补的方式来调养身体是必不可少的。

男人到了中年，体质正在走下坡路，防治各种慢性疾病应成为这个阶段营养进补的重中之重，要注意膳食多样化，以谷类为主，多吃蔬菜、水果和薯类，并经常吃豆类及乳制品，还要吃适量的鱼、蛋和瘦肉。

3. 多喝水能冲走体内"石头"。

由于中年人平时工作太忙，许多人在工作时间顾不上喝水，久而久之，有的人甚至已经习惯了上班时间不喝水，加之许多中年人平时又缺乏运动，致使结石的发病率相对较高。

中年时期的男人很容易患上泌尿系统的疾病，当第一次出现排尿困难、尿频、尿急、小腹坠胀时，可能就是泌尿系统有问题了，此时千万要及时就医，因为一旦转成慢性病，治疗起来就比较困难了。

4. 果汁、牛奶、水果、鸡蛋不应少，肌体早餐一定要吃好。

不吃早餐的危害才是最大的。我们都知道，不吃早餐会精神不振，并影响胃酸分泌和胆汁排出，这会减弱消化系统功能，诱发胃炎、胆结石等疾病，还会导致肌体抵抗功能下降，易患感冒、心血管疾病等。

若是实在没有时间或是没有胃口，你也要至少喝杯果汁，因为它可以提供部分能量和水分。香蕉、苹果也是早餐不错的选择。

当然，早餐最好选择稀饭、燕麦粥、面包等高碳水化合物和低脂肪的食物，喝杯牛奶加上麦片粥就是不错的选择。

5. 肥胖可引发种种疾病，必须控制体重。

肥胖可引起高血脂、高血压、动脉硬化、冠心病、糖尿病、脂肪肝等，亦可造成心理障碍。

肥胖也可引发高脂质血症关节炎；肥胖的男人并发糖尿病也很多见，这些原因都会影响性功能，导致性衰退。

所以，严重肥胖者一定要减肥！

聪明的男人应该学会对自己的健康负责，而不是等到健康状况糟糕时再来补救，因为健康就像一件艺术品，损害容易，修复起来却很困难。

健康与美丽都是吃出来的

饮食对于保护健康有着神奇的作用，只要你合理饮食、科学饮食，那么你就能够获得由内而外的健康美丽。

越来越多的人开始遭遇健康危机，有太多的人处在亚健康的状态里。因此在这里我们特意总结了几种富于滋补功效的健康食品，大家不妨尝试一下。

1. 滋养食品

烤涮生猛海鲜成为都市白领的一种饮食时尚，但是由于这些食物中存在寄生虫和细菌的概率很高，加之过于追求味道的鲜美，烹调不够充分，不知不觉中已经病从口入。

2. 预防视力下降及骨质疏松食品

做文字工作或经常操作电脑的人容易视力下降。维生素 A 可预防此症。每星期吃三根胡萝卜，即可保持体内维生素 A 的正常含量。而那些整天待在办公室的人，日晒的机会少，易缺乏维生素 D 而患骨质疏松，需多吃海鱼、鸡肝等富含维生素 D 的食物。

3. 安定情绪食品

钙具有安定情绪的作用，能防止攻击性和破坏性行为发生。脾气暴躁者应该借助于牛奶、酸奶、奶酪等乳制品以及鱼干、骨头汤等富含钙质的食物以平和心态。当人承受巨大的心理压力时，其所消耗的维生素 C 将显著增加。精神紧张者每天吃 3~5 枚鲜枣就可补充足够的维生素 C。

4. 缓解疲劳食品

疲劳的时候不宜将鸡、鱼、肉、蛋等大吃一通。因为疲劳时人体内酸性物质积聚,而肉类食物属于酸性,会加重疲劳感。相反,新鲜蔬菜、水产制品等碱性食物能使人体内酸碱平衡,有缓解疲劳之功效。

5. 蜂蜜类食品

(1)蜂蜜

蜂蜜是最传统的无污染的绿色食品。据说它含有 12 种矿物质、10 种维生素、16 种酸类,有造血、杀菌等多种功能,除此之外女性还可用来做面膜。蜂蜜因其花种不同而功能各不相同,如洋槐蜜重在养心补肾、护肤美容;党参蜜偏向补血健肾;枣花蜜养胃补虚、平衡阴阳;金银花蜜则突出在清热方面;桂花蜜俗称蜜中之王,其具有多种调节人体内部环境的功效,且口感纯香;柑橘蜜醒酒利尿。

(2)鲜蜂王浆

鲜蜂王浆是工蜂乳腺分泌出来的一种乳白色浆状物质,集酸、甜、涩、辣味为一体,构成了其独特的质味。冷冻保鲜的蜂王浆称为鲜蜂王浆。蜂王浆因其来自于大自然植物精华,含有 70 余种营养素,其营养等级要高于人的初乳和常乳,相当于动物的胚胎组织液。它含有大量的抗衰老物质,对各类肝病、糖尿病等多种疾病有一定疗效。

(3)纯蜂花粉

纯蜂花粉又称为可吃的化妆品。早在 2000 多年前就有关于它功效的记载，但真正"火"起来却是最近几年的事。它具有低脂肪、高蛋白、全营养、纯天然等多种功效，还含人体必需的各种氨基酸、维生素、80余种活性酶等。在国际上，鲜蜂花粉被广泛应用于美容、医疗、体育、营养保健等领域。

（4）蜂胶

蜂胶又称皮肤健康之宝。据介绍，蜂胶对皮肤干燥、神经性皮炎等症状具有很好的疗效，能抗菌消炎、改善皮下组织血液循环，还可以治疗牛皮癣等。

这些食品具有极强的滋补功效，如果你总是疲惫，那么这些营养食品就请一定不要错过。

女性七大健康问题早解决

成年女性常会遇到一些健康问题，这些问题如果不及时解决，很可能会造成严重后果。下面我们就针对女性七大健康问题给出一些具体的防治办法。

1. 腰酸背痛

早晨起床时身体有僵硬感，颈、肩、背部以及臀部有大面积僵硬感，有时还有瘙痒。这些都是纤维肌肉疼痛的典型症状。

如果你是一个白领，你是否常常感觉肩背部酸痛？长期伏案，以及大量需要在电脑前操作的工作，会使你的颈肩部肌肉处于过劳状态。肌肉保持紧张状态需要消耗大量的能量，在氧化反应所供应的能量不足的情况下，肌体会分解脂肪来提供足够的能量，产生大量乳酸，积蓄在细胞内，久而久之，会对局部细胞造成不可逆的伤害，肩周炎就会将伴随你终生，挥之不去。

游泳、步行之类的运动可以提高肌肉的力量和柔韧性，减少肌肉疼痛。热疗和按摩也能起到短时间放松的作用。选择舒适的座椅，并进行适当的调整，对腰背部位的健康有很好的促进作用。

2. 骨质疏松

也许在你的印象中骨质疏松、骨骼萎缩应该是50岁以后才会发生的事，可事实远不如我们想的那么乐观，因为女性的骨质疏松发病率很高，年龄也在不断地提前。

一般来说，骨质疏松与骨骼严重萎缩的女人要比男人多得多，尤其是更年期的女人。产生这一变化的原因很多，一方面是因为更年期雌性激素的分泌减少，另一方面实际上是因为人体长期缺钙。女性从28岁以后钙就开始流失，随着年龄的增加，这种流失的速度也随之加快。

对此，可以采取以下措施来应对。

（1）多食含丰富钙质的食品。如牛奶、紫菜、虾皮、豆制品、芹菜、油菜、胡萝卜、黑木耳、蘑菇、芝麻等。食物保鲜储存可减少钙耗损。高粱、荞麦、燕麦、玉米等杂粮，较稻米、面粉含钙多，平时应适当吃些杂粮。

（2）多食富含维生素D的食物。如沙丁鱼、鱼肝油等。天然的维生素D来源于阳光，但注意勿暴晒。冬季太阳比较温和，适合户外运动。

（3）钙质和醋一起摄取。醋能把钙质离子化，易于人体吸收。吃鱼类、骨类食品最好用醋烹制。如膳食钙由于某些原因不能满足需要，可服用补钙剂及维生素 D 来补充，但应注意选择钙吸收率高的制剂。

（4）适当参加可以强健骨骼的运动项目。瑜伽、体操、步行与站立等对骨质疏松症的治疗有很大作用。每日累计 2～3 小时的站立与步行，可防止钙流失。跑步、打球、跳舞及腹背和四肢适当的负重可使肌肉保持一定的张力，令骨骼承受一定的压力，从而强健骨骼，减少骨折的机会，有效抑制骨质疏松。

3. 月经不调

月经是女性感知身心压力的晴雨表。月经不规则、月经量少、排卵少、月经消失……上述症状一旦出现，就表明身体虚弱，要注意了。压力过重，过于紧张，会使月经终止，这是经常发生的病例。因为脑的丘脑下部，有一个感知紧张的部位。过于紧张，会使丘脑下部过分刺激脑下垂体，引起脑下垂体所分泌的荷尔蒙失衡，从而导致月经的终止。

经常接近自然可以有效缓解相关症状。采用一些芳香疗法，通过鼻子对脑直接进行刺激以缓解紧张。让身体浸泡在浴缸中，听一些自己喜欢的音乐，会刺激副交感神经，继而刺激人的五官感受。在房间里悠闲地喝一杯茶或一些温和的饮品，让自己的心情变得柔软。

4. 缺铁性贫血

皮肤苍白、头晕、气短、眩晕发作、冷过敏、情感冷漠、烦躁易怒和注意力降低等，是缺铁性贫血的表现，目前女性患此病的人数开始增加。体内缺铁使向组织供氧的血红蛋白不足，遇到大运动量运动、节食、月经期长等情况时缺铁性贫血极易导致完全贫血。

多吃含铁食物，比如肉、鱼、家禽、豆腐、豆类植物以及经过含铁强化处理的谷物和面包，对预防和治疗缺铁性贫血非常有帮助。

5. 妇科肿瘤

40岁之前~45岁这个年龄段中的女性，妇科肿瘤的发生也较多，长期的精神紧张、透支体力导致免疫力下降和慢性妇科炎症的发生，有的恶性肿瘤被忽视，贻误治疗的机会，还会危及生命。

定期做妇科检查对预防妇科肿瘤尤为重要，如B超、宫颈刮片检查、乳房扫描等。提醒职业女性，不论工作多么繁忙都不要忽视这一点，因为对于肿瘤来说，早发现、早采取措施，可以带来截然不同的结果。注意经期卫生、性生活卫生，避免性生活紊乱和过频，这样就能够有效预防妇科炎症的发生，有利于减少肿瘤出现的机会。注意合理休息，多吃富含维生素、蛋白质、矿物质的食物，增强身体抵抗力。

近几年来，虽然乳癌的发病率在我国逐年增高，不过，其病死率却并没有增高。这与近几年来注重早发现、早诊断有关。

对于乳癌，可以采取以下措施预防。

（1）洗澡时避免用热水刺激乳房，更不要在热水中长时间浸泡。睡觉的姿势以仰卧最好，以免侧身挤压乳房。选择乳罩以不使乳房有压迫感为宜。

（2）每日清晨或夜晚做数次深呼吸，可使胸部得到充分舒展。

（3）适量吃些鱼、肉和乳制品，可以增加些脂肪，供给乳房充分营养，使其保持丰满。

（4）有资料证实，人流可引起乳房的疼痛，还会造成持久的、潜在的危害。因此，应当做好避孕工作，尽量少做或不做人工流产。

自我检查的最佳时间是：有月经的妇女应在每月月经来潮后的9～11天，因为此时乳房比较松软，易于发现病变；已停经的妇女可自选每月的某一天为定期自查日期。

乳房自检时，应按医生指导的方法进行，以免将正常的乳腺组织误认为肿块，引起不必要的惊慌。

6. 韧带拉伤

与男人相比，女人更容易拉伤膝、踝等关节的韧带。一旦韧带拉伤，得好几个月才能治愈。医生认为这可能是女人宽大的髋部使膝、踝关节韧带要承受更大的作用力，而女人的韧带天生就比男人脆弱得多，因为其女性的生理特点，身体雌激素与孕激素水平周期性的变化亦对关节韧带有直接影响。

为避免损伤韧带，须注意以下几点。

（1）全身尽情舒展。每天起床后不要忘记全身的伸展动作，它可以让肌肉醒来，还可以柔软肌腱、韧带、关节。

（2）孕期保健必不可少。女人怀孕后体内激素水平发生变化，引起关节韧带松弛，因此女性在孕期中要合理安排自己的工作生活，适当活动多休息，尽量少做或避免做重体力劳动，不可因过累和不必要的剧烈活动，使原本就处于非常时期的韧带雪上加霜。

（3）运动中掌握有效的保护方法。女性对运动量大的活动适应性差，容易造成肌肉拉伤与韧带的劳损，因此在运动中要注意准备活动和循序渐进。

（4）多选择以腿部活动为主的各种体育活动。乒乓球、羽毛球、游泳、滑冰、健美操等运动均可增强腿部的弹跳力，增强肌肉和韧带的柔韧性，同时还可让双腿变得修长。

7. 周期性口腔溃疡和疱疹

这也是很多女性会碰到的烦心事，春夏季节到来时，你的口唇边是否常常莫名其妙冒出许多疱疹，口腔内频频出现溃疡？这是健康状况变差的信号，说明你的身体正处于相当疲劳的状态。

大多数人的口腔溃疡和口唇疱疹之所以会发作，都是因高度紧张的工作和巨大的精神压力所引起的。这种时候，首先要注意放松心情，缓解压力，多休息，保证足够的睡眠时间；其次可在医生指导下，服用一些抗病毒、抗感染的药物。

其实，对于很多女性疾病，只要早发现、早防治，就可以避免其损害你的健康及早治愈。

用运动保持健康

忙忙碌碌的工作、没完没了的应酬已经在很大程度上损害了你的健康，不必为此太过担心，只要你能够坚持运动，健康就会逐步得到恢复。

跑步是一种非常不错的运动方式，它简单易行，且不受场地等条件限制，你唯一需要做的准备就是一双轻便的运动鞋和一颗持之以恒的心。

你知道跑步都有哪些益处吗？跑步可以保护心脏，加速全身血液循环，调整全身血流分布，消除淤血，预防静脉血栓形成，保证有足够的血流供给心肌，从而可以预防冠心病。跑步能强有力地促进新陈代谢，从而消耗大量能量，引起体内糖元素大量分解，减少脂肪存积，对控制体重和减肥很有帮助，还可以预防血内脂质过高。据报道，血清胆固醇过高者，一次长跑后，胆固醇可下降 9～14 毫摩尔/升。因此，跑步能防治动脉硬化和冠心病，还可以调整大脑皮质的兴奋和抑制过程，有助于增强神经系统的功能，消除脑力劳动的疲劳，有效地预防神经衰弱。

1. 跑步方法

（1）慢跑

慢跑可按照心率 = 180 - 年龄，来控制跑步的负荷强度，呼吸也以不喘大气为宜。跑步量以每晨 20～30 分钟为宜，也可以长些，但必须根据自身情况而定。开始练跑时要少些，以后逐渐增加跑步量。慢跑适合于中年体弱者。

（2）变速跑

变速跑是慢跑与中速跑交替进行的一种跑法。中速跑较慢跑的速度快，因此身体更趋前倾，摆臂的幅度、频率较大，两脚的跨幅和频率也大，所以运动强度也比慢跑大。变速跑可根据自己的情况随时改变速度，并随着锻炼水平的提高，增加中速跑的距离，缩短慢跑距离，不断增加运动量。

（3）快跑

在中速跑的基础上继续增速，原则上以不喘大气、不流大汗、心率不超过 140 次/分为标准，自我感觉舒适不累为好。

（4）原地跑

初学者开始可以慢跑姿势进行，以后根据身体健康状况，逐步加大跑步量，每次可跑 500~800 复步。在原地跑步时，可以采用加大动作难度的方法控制运动量，如用高抬腿、大甩手臂跑等增加运动强度。

（5）定时跑

一种是不限速度和距离，只要求跑一定时间；另一种有距离和时间的限制，如在 6 分钟之内跑完 600 米，以后随运动水平提高可缩短时间，从而加快跑的速度。

2. 注意事项

（1）跑步要配合以自然而有节奏的呼吸，开始鼻呼吸，进而用鼻口同时呼吸，力求呼吸充分顺畅，使肌体得以充分进行气体交换。跑步进程中，要防止呼吸节奏紊乱。随时调整呼吸，尤其要有意识地加强呼气，才能促进吸气，使大量新鲜氧气进入肺部组织。

（2）为了增强中枢神经系统的调节功能，扩大肺的通气量，可采取气功式跑法，即在跑步中运用腹式呼吸，即吸气时腹部鼓起，使膈肌下降，呼气时腹部凹陷，使膈肌上升，同时把思想集中于呼吸上。呼与吸的时间比例，最好是呼长吸短，即二步一吸、三步一呼，或三步一吸、四步一呼。此法能增强胃肠功能及扩大肺的通气功能。

（3）跑步中为了避免大脑受振动，须先用前脚掌轻松落地，然后过渡到全脚掌着地,利用足弓的解剖生理特点,使力量得到缓冲。不应采用足跟跑步,以免引起足跟疼痛。

(4)每次跑完步,要快速地用热水擦身,以促使代谢产物从汗腺中充分排泄。严禁用冷水淋浴或擦身。即使口渴,亦应待心率恢复正常时才可进水或进餐,以免增加心脏负担。

(5)跑步应持之以恒,一般3个月见效,感到全身舒适、力气增大、精力充沛、步履轻松等。跑步应以天气凉爽季节和冬季为好。

(6)跑步应在湖边、海边、山林、树下为好。这些地方空气新鲜,含氧量高。大量吸入氧气,对身体健康、增进记忆有利。

最好的运动就是适合自己的运动

女人体力差、精力弱,因此高强度的运动并不适合所有女人,女人应当根据自身特点,选择适合自己,又能长期坚持的运动。

一个令人赏心悦目的女人,不仅要有漂亮的五官,还要有摇曳生姿的身材,走起路来裙裾轻飘、袅袅婷婷,风情顿起,所到之处,无不留下一地的万种风情。女人好的身材必须通过运动才能维持,而不仅仅是节食、减肥,正如花卉需要浇水,而不是掐叶。

有一句流传千古的至理名言:"生命在于运动。"运动才能塑身，运动才能把女人的青春和活力扎扎实实地挽留住，令女人充满朝气和活力。

现在的运动项目犹如琳琅满目的商品，在为我们提供选择余地的同时，也使我们的选择变得困难，因为不知道哪种才是最好、最有效的运动。大多数人会根据兴趣选择自己喜欢的项目，这也不失为一种选择，我们还可以换一个选择标准：按自己的体形选择，这样针对性会更强。

梨型身材的女人：其脂肪主要堆积在臀部和大腿，可选择低强度、低撞击练习和耐力练习，如跳绳、在平台跑步机上走等，可消减这些部位的脂肪。要避免大阻力运动，如上坡、爬高等，这些运动都会令下肢变得更粗壮。

苹果型身材的女人：其手臂和腿很细，而腹部、腰部和上臀部较粗。可选择体操、游泳、跑步等全身性运动，以及哑铃操、仰卧起坐、仰卧举腿、俯卧抬头、体前屈等局部运动，着重四肢力量的练习。

V型身材的女人：其上身较大，腰部有点臃肿而臀部较瘦小。可进行爬高、踏板有氧操和跑步等锻炼，避免做诸如俯卧撑、举重等使上身强壮的运动，可用下蹲或跨步来强壮下肢的力量，使身体上下部分的比例变得协调。

O型身材的女人：其身上各部位脂肪都很厚，几乎没有肌肉，日常生活中，爬几级楼梯就会"气喘如牛"。这类人应该多做有氧运动，多游泳，以消耗脂肪。还可以常做静态的伸展运动，以强化肌肉骨骼。

运动不仅可保持身心健康，还有助于性格的发展和完善，我们也可以针对自己的性格类型，选择运动项目。

紧张型性格的人：最好是多参加一些竞争激烈的运动项目，特别是足球、篮球、排球等比赛活动。因为赛场上形势多变，紧张激烈，紧张型性格的人若能经常在类似的激烈场合接受考验，久而久之，就能变得沉着冷静起来，再遇事就不会过分紧张，更不会惊慌失措。

胆小型性格的人：应多参加游泳、溜冰、单双杠、跳马、平衡木等运动。因为这些项目要求运动者不断克服胆怯心理，以勇敢、无畏的精神战胜困难，越过障碍。胆怯型性格的人参加这些项目次数多了，自然会变得大胆自信。

孤僻型性格的人：应当多参加足球、篮球、排球、接力跑、拔河等团队运动，只有这样，才能有效增强自身活力和团队合作精神，逐渐改变孤僻的性格。

多疑性格的人：可选择乒乓球、网球、羽毛球、跳高、跳远、击剑等运动。因为这些项目要求运动者头脑冷静、思维敏捷、判断准确、当机立断，任何多疑、犹豫、动摇都有可能导致失败。

急躁型性格的人：不妨选择下象棋、钓鱼、慢跑、长距离散步、游泳、骑车、射击等运动强度不高的项目，以逐步培养稳健的性格。

心理不健康身体也不健康

很多人可能没有意识到，心理健康其实与身体健康同样重要。试想一下，一个长期忧心忡忡、郁郁寡欢的人又怎么健康得起来呢？

人生不如意事十之八九，在工作生活中难免碰到一些不愉快的事。但你不能因此忧虑个没完没了，因为忧虑不但于事无补，还会损害你的健康。

俄国作家契诃夫曾写过一篇小说《小公务员之死》。小说讲，有一个小公务员一次去看戏，不小心打了一个喷嚏，结果口水不巧溅到了前排一位官员的脑袋上。小公务员十分惶恐，赶紧向官员道歉。那官员没说什么。小公务员不知官员是否原谅了他，散戏后又去道歉。官员说："算了，就这样吧。"这话让小公务员心里更不踏实了。他一夜没睡好，第二天又去赔不是。官员不耐烦了，让他闭嘴、出去。小公务员心想，这下子可真是得罪了官员了，他又想法去道歉。小公务员就这样因为一个喷嚏，背上了沉重的心理负担，最后，他……死了。

契诃夫对小公务员死因的描写虽有些夸张，但不可否认的是忧虑确实会损害健康。

李大夫接待了一位自称患了不治之症又求医无门的病人，患者是位年近40的中年男士。这位陈先生在某外资公司从事销售工作，由于工作关系，经常天南地北地跑，生活和饮食都很不规律。三个月前，陈先生经常感觉没有食欲，饭后感觉腹中胀气，还经常出现腹泻。起初，陈先生以为是一般的胃肠问题或脾胃不和，随便吃了些助消化的药物，很多天后，病情不但未见好转，反而越来越重。陈先生去了很多家医院，检查都做遍了，未见异常，但不舒服的感觉像恶魔一样始终纠缠着他，陈先生总觉得自己是得了胃癌一类的恶疾。

李大夫初步了解了他的病情，又向陈先生询问了一些工作和生活中的事情。原来，已近不惑之年的陈先生每天至少要工作10个小时，晚上拖着疲惫的身体回到家，还要辅导儿子功课，经常是一边为孩子做听写练习，一边打瞌睡。工作和生活压力时常使陈先生觉得喘不过气来，每天像上了发条一样，脑子里的弦绷得紧紧的。时间一长，他经常感到腰背酸痛、周身乏力，有时还会失眠。前一段时间，工作更加繁忙，竟又添了肠胃不适的新毛病。

李大夫聆听完陈先生的"诉苦"，又仔细分析了他的各项检查结果，最终将其诊断为功能性胃肠功能障碍伴发抑郁症。陈先生对诊断结果吃惊不已，原以为自己是消化系统出了问题，怎么会是抑郁症呢？其实，早在20世纪就有学者对情绪波动对人体胃肠运动的影响做过研究。研究显示，当患者情绪忧郁、恐惧或易怒时，可显著延缓胃的消化与排空，结肠运动也明显受到抑制。据统计，功能性的胃肠功能障碍患者中，符合抑郁症诊断标准的占30%以上，结肠功能紊乱患者中50%以上伴有抑郁。

任何时候都不要忽视坏情绪对健康的负面影响，如果忧虑是不可避免的，那就要避免太长时间影响我们，你应该提醒自己：忧虑无济于事，要努力解决问题，说不定情况并不像想象的那么糟！

抛去精神负担才能一身轻松

我们已经知道心态会影响健康，你的精神乐观快乐、坚强，那么你的身体就会轻松自在，你也就会活得更健康。

谈起健康问题，不妨从古代九五至尊的帝王谈起。像乾隆、康熙这样高寿的皇帝是很少见的，绝大多数的帝王都是未老先衰，短命夭亡。分析其原因，一部分是由于声色犬马、纵欲过度的结果；另一部分却不一样了，他们既注意饮食营养，也爱好体育运动，但仍然未老先衰。查根究底，这与他们终日钩心斗角、精神负担沉重密切有关。

汉代医圣张仲景在《伤寒杂病论》里谆谆告诫人们：千方百计地为名为利，只醉心于追求虚荣和权势，必然使精神内耗，正气虚弱，一旦遭受外来邪气的侵袭，就会引致"非常之疾"。

而晋代著名的养生家嵇康在《养生论》里说得更清楚，他指出："养生有五难：名利不去为一难，喜怒不除为二难，声色不去为三难，滋味不绝为四难，神虑精散为五难。"他谈到影响健康的多种因素，如饮食、色欲、情绪等，但最重要的一条就是"名利不去"，即不能抛开心灵的枷锁。

生活中一些人终日追名逐利，损人利己，斤斤计较，这种人永远也无法体会轻松快乐，一生都将与烦恼为伴。一位医学博士指出："个人主义往往是忧伤烦恼的源泉。因为个人主义者欲壑难填，整天患得患失，忧心忡忡，妄想、愤怒和沮丧在他的脑子里'大闹天宫'，没个安宁。这样的人往往自食其果，'老得快'就是其中的一个恶果。"

这样的人生是极其可悲的。在达到一个目标时，他所感受到的不是收获的欢乐，而是在为下一个更高的追求而忧心忡忡。就像一个人千辛万苦挣到了一万，满脑子想的都是如何挣得十万。当他真的拿到十万时，他会真的快乐满足吗？答案显然是不会的。这种人不会与人分享快乐，到头来只会使自己的精神枷锁越来越重，陷入极度痛苦的深渊。

与此相反，心底无私没有精神负担，胸怀开阔，心境恬静，情绪乐观，往往得享高寿。

古人认为，思想上安定清静，不贪欲妄想，体内的真气就和顺，精神也内守而不耗散，疾病就无从发生。《黄帝内经》对此进一步解释说："古代懂得养生的人，活到百岁而动作不衰，除了回避邪气、劳而不倦等因素之外，尤其重要的是他们思想上安闲，心境安定，没有恐惧，少有奢望。吃得很好，穿得也很随便，乐于习俗，没有地位高低的羡慕，为人朴实。因此不正当的嗜好难以转移他们的视听，淫乱邪说也诱惑不了他们的心意。"中国现代的一些寿星们热爱生活、胸怀开阔、不计名利，他们就印证了这种说法。

我国著名小麦专家金善宝教授是位有理想有抱负的知识分子。解放前，他曾想靠科学、靠教育救国。1939年，他任中央大学农艺系主任，带着助手到四川农村去推广新的小麦品种，结果反被当地拘留。农业学家不许去农村，这实在是太荒唐了！他愤懑、郁闷，而又无可奈何。在那黑暗的岁月，精神上的长期压抑，加上胃病的折磨，使他未老先衰，40出头已经拄起拐杖，还不到50岁，头发就完全白了，成为中央大学的"四老"之一。

解放以后，他的聪明才智在祖国的农业科学事业上得到了充分的发挥。他培育的优良小麦品种终于在长江流域大面积推广，他精心撰写的《实用小麦论》也出版了，他心花怒放，十分高兴。在医生的精心治疗下，他多年的胃病也痊愈了，不仅扔掉了拐杖，而且比同龄人更为健康。大家都说金老越活越年轻了。

1982年，他虽然已是86岁高龄，仍然为发展我国的农业操劳。当他得知人们对黑龙江三江平原的开发有争议时，便不顾夏季的炎热，亲自前去调查，往返几天，行程万里。此时的他毫无龙钟之态，动作利索，思维敏捷，看上去完全不像80多岁的老人，至少要年轻20岁。

金老老而不衰，原因固然很多，如生活有规律，饮食有定量，经常散步，适当参加体力劳动等。但他对事业的专注，胸怀宽广、性格开朗、不计名利，无疑是最主要的原因。正如他身边的人所说：金老关心国家大事，专心致力于小麦的研究工作。无关紧要的事情，不管别人怎么说，他都不受干扰。这大概就是金老的养生之道吧。金老的夫人说得尤为生动。她说："你们要他讲长寿之道，我看他就是因为不生气。他的脑子是'结冰'的，人家当着他的面骂他，他照吃照睡，满不在乎。他这个人从来不想当官发财，一辈子就是老老实实做学问。一个人不为名、不为利、心胸开阔，不为那些杂七杂八的是非小事缠身,既不气闷,也不伤神,不就长寿了吗?"

看到这里,你是不是有一种如释重负的感觉。给自己的心适当放个假吧,让疲惫的你充分享受一下成功的喜悦。那样你会惊喜地发现,你神奇地恢复了全身的力量,你对前进的道路充满了信心。

解铃还须系铃人,自己套上的枷锁还需要自己解开。遇事大度一点,何愁阴霾不开,何愁健康不在!

第六章
宽容是感性之风，吹得幸福溢满四周

宽容做人，至少你不会在乌云密布、看不见阳光的日子里生活；相反，你会发觉春光明媚，世界无限大，无限美好。严谨做事，至少你不会等到冰霜融化时，才想起水的可贵；相反，你会发觉下雨天其实真的很美。一切事物都在其灌溉后变得更加鲜艳丰满。

包容是一种大智慧

对于现代人而言，物质是丰富的，知识是丰富的，许多人拥有广博的知识，能做事、能赚钱，但是却不快乐，仍然有很多烦恼，究竟是什么原因呢？这是因为我们人生的智慧太贫乏了，不懂得如何包容生活。

人生在世，会遇到各种纷繁芜杂的问题，懂得包容，才能够更好地解决问题。包容是人生的大智慧，无论对做人处世，还是奋斗创业，都有着至关重要的影响。学会包容，能够修身养性，安身立命。它是成就大业的利器，是获得快乐幸福的妙门。

包容体现了人们大度的胸怀和气概。它讲究的是策略，运用的是智慧。包容别人的过错，即使只是一句安慰的话，也能迎来天空无边的蔚蓝。

包容不是姑息别人的错误，也不是自己软弱的表现。包容是一种理解、一种涵养，不是简单的宽容加饶恕。当别人做错事时，包容对方往往是最好的处理方法。

"二战"期间，一支部队在森林中与敌军相遇，激战后两名战士与部队失去了联系。这两名战士来自同一个小镇。

两人在森林中艰难跋涉，他们互相鼓励、互相安慰。十多天过去了，仍未与部队联系上。这一天，他们打死了一只鹿，依靠鹿肉又艰难度过了几天。可也许是战争使动物四散奔逃或被杀光的缘故，这以后他们再也没看到过任何动物。他们仅剩下的一点鹿肉背在年轻战士的身上。这一天，他们在森林中又一次与敌人相遇，经过再一次激战，他们巧妙地避开了敌人。就在自以为已经安全时，只听一声枪响，走在前面的年轻战士中了一枪——幸亏只是伤在肩膀上！后面的士兵惶恐地跑了过来，他害怕得语无伦次，抱着战友的身体泪流不止，并赶快把自己的衬衣撕下包扎战友的伤口。

晚上，未受伤的士兵一直念叨着母亲的名字，两眼直勾勾的。他们都以为自己熬不过这一关了，尽管饥饿难忍，可他们谁也没动身边的鹿肉。天知道他们是怎么过的那一夜。第二天，部队救出了他们。

事隔30年，那位受伤的战士说："我知道那一枪是谁开的，他就是我的战友。当在他抱住我时，我碰到他发热的枪管。我怎么也不明白，他为什么对我开枪？但当晚我就原谅了他。我知道他想独吞我身上的鹿肉，我也知道他想为了他的母亲而活下来。此后30年，我假装根本不知道此事，也从不提及。战争太残酷了，他母亲还是没有等到他回来，我和他一起祭奠了老人家。那一天，他跪下来，请求我原谅他。我没让他说下去。我们又做了几十年的朋友，我包容了他。"

人生在世，会与许许多多的人接触，难免会有人有意或无意地给我们造成一些伤害，如果一味地将这些伤害记挂在心，时刻与之计较，那我们的心灵就会被气恼和怨怒所折磨，背负上沉重的包袱。倒不如用理解和原谅做药引，熬一服包容的汤药，这既能解除别人的痛苦，更能让自己变得快乐健康！

宽恕别人就是在宽恕自己

也许昨天,也许很久以前,有人伤害了你,你不能忘记。你本不应受到这种伤害,于是你把它深深地埋在心里等待报复。不过现在你应该明白,这样做是毫无益处的,不肯放过别人就是不宽恕自己。

在这个世界里,一个人即使是出于好意也会伤害他人。朋友背叛你、父母责骂你、爱人离开你……总之,每个人都会受到伤害。

人一旦受到伤害的时候,最容易产生两种不同的反应:一种是怨恨,一种是宽恕。

怨恨是你对受到很深的、无辜伤害的自然反应,这种情绪来得很快。无论是被动的还是主动的,怨恨都是一种郁积的邪恶,它窒息着快乐,危害着健康,它对怨恨者的伤害比被怨恨者更大。

消除怨恨最直接有效的方法就是宽恕。宽恕必须承受被伤害的事实,要经过从"怨恨对方",到"我认了"的情绪转折,最后认识到不宽恕的坏处,从而积极地去思考如何原谅对方。

宽恕是一种能力,一种停止伤害继续扩大的能力。宽恕不只是慈悲,也是修养。

生活中,宽恕可以产生奇迹,宽恕可以挽回感情上的损失,宽恕犹如一个火把,能照亮由焦躁、怨恨和复仇心理铺就的黑暗道路。

当耶稣说"爱你的仇人"的时候，他也是在告诉你：怎样改进你的外表。你一定见过这样的女人，她们的脸因为怨恨而有皱纹，因为悔恨而变了形，表情僵硬。不管怎样美容，对她们容貌的改进，也及不上让她心里充满了宽容、温柔和爱所能改进的一半。

怨恨的心理甚至还会毁了你对食物的享受。圣人说："怀着爱心吃菜，也会比怀着怨恨吃牛肉好得多。"

要是你的仇人知道你对他的怨恨使你精疲力竭，使你疲倦而紧张不安，使你的外表受到伤害，使你得心脏病，甚至可能使你短命的时候，他们岂不是会拍手称快？

即使你不能爱你的仇人，至少也要爱你自己。要使仇人不能控制你的快乐、你的健康和你的外表。就如莎士比亚所说的："不要因为你的敌人而燃起一把怒火，热得烧伤你自己。"

你也许不能像圣人般去爱你的仇人，可是为了你自己的健康和快乐，你至少要忽略他们，这样做实在是很聪明的事。艾森豪威尔将军的儿子约翰说："我爸爸不会一直怀恨别人。"他说："我爸爸从来不浪费一分钟去想那些不喜欢的人。"

在加拿大杰斯帕国家公园里，有一座可算是西方最美丽的山，这座山以伊笛丝·卡薇尔的名字为名，纪念那个在1915年10月12日像军人一样慷慨赴死——被德军行刑队枪毙的护士。她犯了什么罪呢？因为她在比利时的家里收容和看护了很多受伤的法国、英国士兵，还协助他们逃到荷兰。在十月的那天早晨，一位英国教士走进她的牢房里，为她做临终祈祷的时候，伊笛丝·卡薇尔说了两句将刻在纪念碑上不朽的话语："我知道光是爱国还不够，我一定不能对任何人有敌意和恨。"四年之后，她的遗体转移到英国，在西敏寺大教堂举行安葬大典。人们常常到国立肖像画廊对面去看伊笛丝·卡薇尔的那座雕像，同时朗读她这两句不朽的名言。

　　托尔斯泰曾经讲过这样一个故事，有位国王想励精图治，认为如果有三件事可以解决，则国家立刻可以富强。第一，如何预知最重要的时间。第二，如何确知最重要的人物。第三，如何辨明最紧要的任务。于是群臣献计献策，却始终不能让国王满意。

　　国王只好去问一位极为高明的隐士，隐士正在垦地。国王问这三个问题，恳求隐士给予指点。但隐士并没有回答他。隐士挖土累了，国王就帮他继续干。天快黑时，远处忽然跑来一个受伤的人。于是国王与隐士把这个受伤的人先救下来，裹好了伤口，抬到隐士家里。翌日醒来，这位伤者看了看国王说："我是你的敌人，昨天知道你来访问隐士，我准备在你回程时截击，可是被你的卫士发现了，他们追捕我，我受了伤逃过来，却正遇到你。感谢你的救助，也感谢你让我知道了这个世界上最宝贵的东西。我不想做你的敌人了，我要做你的朋友，不知你愿不愿意？"国王听了微笑着说："我当然愿意。"

　　国王再去见隐士，还是恳求他解答那三个问题。隐士说："我已经回答你了。"国王说："你回答了我什么？"隐士说："你如不怜悯我的劳累，因帮我挖地而耽搁了时间，你昨天回程时，就被他杀死了。你如不怜恤他的创伤并且为他包扎，他不会这样容易地臣服你。所以你所问的最重要的时间是'现在'，只有现在才可以把握。你所说的最重要人物是你'左右的人'，因为你立刻可以影响他。而世界上最重要的是'爱'，没有爱，活着还有什么意思？"

学着宽恕吧！遇事记恨别人的人，往往不能从被伤害的阴影中平安归来，痛苦总是如影随形，受伤害的反而是自己。因此，你一定要尽己所能地宽恕别人，这样做也正是在宽恕自己。

爱人即爱己

关爱他人，你所付出的仅是一点爱心，但你收回的却是巨大的幸福。请相信爱心是能够被传递的，关爱别人就是在关爱自己。

有一个人被带去观赏天堂和地狱，以便比较之后能让他聪明地选择自己的归宿。他先去看了魔鬼掌管的地狱。第一眼看去条件非常好，因为所有的人都坐在酒桌旁，桌上摆满了各种佳肴，包括肉、水果、蔬菜。

然而，当他仔细看那些人时，发现没有一张笑脸，也没有伴随盛宴的音乐或狂欢的迹象。坐在桌子旁边的人看起来沉闷，无精打采，而且皮包骨头。更奇怪的是，那些人每人的左臂都捆着一把叉，右臂捆着一把刀，刀和叉都有四尺长的把手，使它不能用来自己喂自己吃，所以即使每一样食品都在他们手边，结果还是吃不到，一直在挨饿。

然后他又去了天堂，景象完全一样：同样食物、刀、叉与那些四尺长的把手，然而，天堂里的居民却都在唱歌、欢笑。这位参观者困惑了。他奇怪为什么条件相同，结果却如此不同。在地狱的人都挨饿而且可怜,可是在天堂的人吃得很好而且很快乐。最后,他终于看到了答案:地狱里每一个人都试图喂自己,可是一刀一叉,以及四尺长的把手根本不可能吃到东西;天堂里的每一个人都在喂对面的人,而且也被对面的人所喂,因为互相帮助,所以,谁都可以吃到食物。

在关爱他人的同时,你就是在为自己播下一枚与人为善的种子。随着时光的流逝,它会发芽、抽叶,直至长得枝繁叶茂。它不仅能够为他人挡风遮雨,也能呵护你、安慰你获得幸福。

任何一种真诚而博大的爱都会在现实中得到应有的回报。付出你的爱,给别人力所能及的帮助,你的人生之路将多通途、少险阻。

小城里有一对待人极好的夫妇不幸下岗了,在朋友、亲属以及街坊邻居们的帮助下,他们开起了一家火锅店。

刚开张的火锅店生意清冷,全靠朋友和街坊照顾才得以维持。但不出三个月,夫妇俩便以待人热忱、收费公道而赢得了大批的"回头客",火锅店的生意也一天一天地好起来。

几乎每到吃饭的时间,小城里的七八个大小乞丐都会成群结队地到他们的火锅店来行乞。

夫妇俩总是和颜悦色地对待这些乞丐,从不呵斥辱骂。其他店主则对这些乞丐连撵带哄,一副讨厌至极的表情。而这夫妇俩则每次都会笑呵呵地给这些肮脏邋遢、令人厌恶的乞丐盛满热饭热菜。最让人感动的是夫妇俩施舍给乞丐们的饭菜都是从厨房里盛来的新鲜饭菜,并不是那些顾客用过的残汤剩饭。他们给乞丐盛饭时,表情和神态十分自然,丝毫没有做作之态,就像他们所做的这一切原本就是分内的事情一样。正如佛家禅语所说的，这是一对"善心如水的夫妻"。

日子就这样一天一天地过着，一天深夜，火锅店周围燃起了大火，火势很快便向火锅店窜来，如果温度过高，店里的液化气罐很可能引发爆炸。

这一天，恰巧丈夫去外地进货，店里只留下女主人照看。一无力气二无帮手的女店主，眼看辛苦张罗起来的火锅店就要被熊熊大火吞没却束手无策。这时，只见平常天天上门乞讨的乞丐们不知从哪里跑了出来，在老乞丐的率领下，冒着生命危险将那一个个笨重的液化气罐搬运到了安全地段。紧接着，他们又冲进马上要被大火包围的店内，将那些易燃物品也全都搬了出来。消防车很快开来了，火锅店由于抢救及时，虽然也遭受了一点小小的损失，但最终还是保住了。火锅店重新开张之后，几个乞丐就做了店里的伙计。从那以后，火锅店的生意更是越做越大，那对夫妇把火锅店的连锁店一直开出了小城遍布了整个城市。

生活就像是山谷里的回声，你喊"我恨你"，它也会回答我"我恨你"，你喊"我爱你"，它也会回答你"我爱你"。以自己的诚心爱别人，就像是在生活的银行里存了一笔钱，当你在危难时，你存入的那笔钱自然会起作用。而且你存的越多，收益也就越多，而且它还会给你带来一种附加值，那就是极好的信誉和人缘。

让包容融化心中的坚冰

不肯饶恕是一块巨大的坚冰，它会冻结你的心，让你变得越来越冷漠，无法感受生活的快乐。而爱心就是最火热的熔炉，只要你愿意更多地付出爱心，那就一定会打破冷漠，拥有更多的快乐。

一个小男孩和小朋友们一起在草地上玩耍。突然，旁边的一个小伙伴跑过来推了他一下，他顺势倒地，膝盖上擦破了一大块，那个小伙伴却蹦蹦跳跳地拉了其他的小伙伴跑远了。他哭着走回了家，从此，心里便结了一层冰，他拒绝那个小伙伴和他一起玩。长大之后，谈了几年的女友突然提出和他分手，并投入别人的怀抱。

他伤心欲绝，心里的冰更厚了。工作越来越不顺手了，评优的时候，他落榜了。他怨天尤人。他的心被冰冻了，他觉得活在这个世界上已经毫无意义了。他决定悄悄地离开这个世界。在一个夜深人静的夜晚，他喝了一瓶安定，躺在床上安静地睡去，醒来时发现自己正睡在医院的病房里，一位护士告诉他有严重的胃溃疡，并说病区里有个可怜的年轻女病人，情绪悲观低落。如果他能写一些情书给她，或许可以使她振作起来。青年人开始给她写第一封信，接着，第二封……信中，他假称曾经匆匆见过她一面，从那时候起，他一直忘不了她。他提议，待到他俩都痊愈了，也许他们能结伴到公园去散步。

写信给他带来了欢乐——很久没有感受过的欢乐。他开始渐渐地康复。他写了许多信，不久，他能生气勃勃地在病房里踱步了。又过了段时间，医生通知他马上就可以出院了。

但他感到有点失望，因为他还未见过那位少女。给所倾慕的人写信，使他看到了活下去的希望，想到她，哪怕见一面也好！

他请求护士允许自己到那位少女的病房去探望她，护士同意了，并告诉他病房号。但是，当他找到这间病房时，却发现没有这样一位少女。

这时，他才了解到事情的真相：那位护士竭尽全力使他恢复了健康。当她看到他悲观失望，察觉到他对每个人的苛求、怨恨心理，她认识到这个青年人所需要的是"人生的希望"，希望能使他振奋，帮助他战胜自己。她深知，对于一位病友，对于一位同病相怜的少女的同情和关怀，能唤起青年人对生活的渴望。于是，她为他虚构了一位不幸的少女。正是这位虚构的少女将他从精神沉沦中拯救出来。

从此，他的心里感觉到有一种暖暖的东西流遍全身，心里的冰开始融化，心情也慢慢地好起来了。在以后的日子里，因为他的笑脸和热心，他的周围朋友也多了起来，还找到了一个不错的女朋友，工作也渐渐有了起色。有一天，他突然发现阳光很明媚、女友很美、同事很友善、朋友很可靠……活着很愉快。

爱心就像冬日里的暖阳、夏日里的凉风，拥有了它，你就可以拥有更多的快乐，让自己的人生更加美好。

151

学会宽容，升华自己

"宰相肚里能撑船"，拥有这样胸襟的人，才能得到世人的尊重和钦佩。世界因为包容而存在，万物因包容而繁荣，作为人类，更要学会包容。纵观历史曾经叱咤风云的大人物，无一不是有一颗宽广的胸怀，能容他人所不能容而名扬世界。

林肯曾用爱的力量在历史上写下了永垂不朽的一页。当林肯参选总统时，他的强敌斯坦顿为着某些原因而憎恨他，想尽办法在公众面前侮辱他，又毫不保留地攻击他的外表，故意说令他难堪的话。尽管如此，当林肯获选为美国总统时，需要找几个人当他的内阁与他一同策划国家大事，其中必须选一位最重要的参谋总长，他不选别人，却选了斯坦顿。

当消息传出时，街头巷尾议论纷纷。有人跟他讲："恐怕你选错人了吧！你不知道他从前如何诽谤你吗？他一定会扯你的后腿，你要三思而后行啊！"林肯不为所动地回答他们："我认识斯坦顿，我也知道他从前对我的批评，但为了国家前途，我认为他最适合这份职务。"果然，斯坦顿为国家以及林肯做了不少的事。

过了几年，当林肯被暗杀后，许多颂赞的话语都在形容这位伟人，然而，所有颂赞的话语中，要算斯坦顿的话最有分量了。他说："林肯是世人中最值得敬佩的一位，他的名字将留传万世。"

包容是化解仇恨的最佳武器，能温暖世上最冷酷的心，能遮掩一切过错；包容使人不再受到怨恨的捆绑，而能享受心灵真正的自由。

英国首相丘吉尔在执政期间尽力为民且为人高尚，深受民众的拥护和爱戴。但是丘吉尔的某些做法也损害了一些人的利益，使得他们对丘吉尔颇有微词。

有一次，丘吉尔去参加一个重要会议。在会议上有一位女士对丘吉尔不留情面地破口大骂："如果我是你太太，我一定会在你的咖啡里下毒！"会议上的气氛立刻紧张起来，与会人员都望着丘吉尔，想知道他会怎样应付这个突发事件。只见丘吉尔微笑着答道："如果你是我太太，我一定将此咖啡一饮而尽。"大家不由得都在心中为他喝了声彩！

人生在世，难免会受到别人的批评与指责。如果你被批评，那是因为批评你的人会获得一种重要感，这也说明你有成就，而且是引人注意的，所以你根本没有必要生气。与其气呼呼地去跟人争辩、理论，倒不如用幽默之语、包容之心将对方的批评与指责化解。

美国一位来自伊利诺伊州的议员康农在初上任时的一次会议上，受到了另一位代表的嘲笑："这位从伊利诺伊州来的先生口袋里恐怕还装着燕麦呢！"

这句话是讽刺他还没有脱去农夫的气息。虽然这种嘲笑使他非常难堪，但也确有其事。这时康农并没有让自己的情绪失控，而是从容不迫地答道："我不仅在口袋里装有燕麦，而且头发里还藏着草屑。我是西部人，难免有些乡村气，可是我们的燕麦和草屑却能生长出最好的苗来。"

康农并没有恼羞成怒,而是很好地控制了自己的情绪,并且就对方的话"顺水推舟",作了绝妙的回答,不仅自身没有受到损失,反而使他从此闻名于全国,被人们恭敬地称他为"伊利诺伊州最好的草屑议员"。

学会包容本就是处世的需要。这世间并无绝对的好坏,而且往往正邪善恶交错,所以我们立身处世有时也要有清浊并容的雅量。待人包容,不仅使指责你的人达不到预期的目的,而且还向世人彰显了你的大度,何乐而不为呢?

我们证明自己比别人强的一个有力筹码就是:我们有容人之量。

用一个博大的胸怀迎接成功

包容被某些人看成软弱、虚伪、窝囊、保守。如果你也是这么认为,下面为你推荐的这段小故事,会让你对"包容"有全新的认识。

一只河蚌安逸地住在河里,无忧无虑与世无争。一天一粒沙子闯进它的身体,沙子在河蚌的肉体里蠕动,因摩擦造成的疼痛,让河蚌撕心裂肺,赶不走又吐不出沙子,只有用自己分泌的"心血"去包容沙子。天长日久沙子变成一颗珍珠,疼痛没有了。包容痛苦的结果使河蚌的身价倍增。

还有一个很有名的成功案例。

拿破仑·希尔曾经与全体同事一起拟订公司的使命宣言，留下了相当美好的回忆。他们齐集于山间，沉浸在大自然美景之中。起先，会议进行得中规中矩，等到自由发言时，却百家争鸣，反应极为热烈。只见共识逐步成形，最后形诸文字，成为这么一则使命宣言：本公司旨在大幅提升个人与企业的能力，并且认知与实践以原则为中心的领导方式，达到值得追求的目标。

又有一次，拿破仑·希尔应一家大型保险公司之邀，主办该年度的企划会议。与筹备人员初步交换意见后，他发现以往的筹备方式是，先以问卷调查或访谈设定 4~5 个议题，然后由与会主管发表意见。通常会议进行井然有序，却了无新意，只不过偶尔出现相持不下的激烈场面。

经过拿破仑·希尔强调集思广益的优点，他们尽管有些不放心，仍同意改变形式。先由各主管以不记名方式针对主要议题提出方面报告，然后汇集成册，要求主管在会前详细阅读，了解所有的问题与不同的观点。如此一来，会议的重头戏不再是批评与辩护，而是聆听与集思广益。

在两天的会议期间，第一天上午，他们研习准则 4、5、6，其余时间则专注在集思广益的讨论。会议不再令人感到无聊，人人都表现得很积极。到了会议的尾声，经由脑力激荡，大家对公司面临的主要挑战有更深一层的认识，所有的意见都受到重视，新的共识逐步成形。

生活中有许多事不妨去多考虑几个如果，用一个博大的胸怀去包容苦难和伤痛。河蚌包容沙子使它变成高贵的珍珠，同样，我们包容生活中的苦难和伤痛也会结出美丽的果实。

有了包容，即使在波涛汹涌的大海上，也会找到温柔的避风港，人便会沉静下来；即使在充满荆棘的森林里，也会出现希望的曙光，人便会找对前进的方向；即使在危机暗伏的沼泽中，也会有人搭桥救你。有了包容，你就拥有了睿智、气量和不断完善自己的动力！包容是一种大智慧，去爱别人也尊重自己，为人需要一颗包容的心。

水至清则无鱼

冷静下来仔细想想，包容作为一种文化态度，对于大多数善良之人是比较容易做到的。只要不是极端分子，对不同宗教、民族、文化抱有尊重、理解、取共存共荣的态度，推己及人，可以说是人之常情。

中国的词语之妙，在于它内涵复杂，难以穷尽，而且可以向正反两个方向延拓。因而，在生活的语境中，包容不仅意味着平和、宽容，也经常与另一类态度混淆：不必较真，眼开眼闭，难得糊涂，吃亏是福，等等，指向忍让、苟且、退守、犬儒主义的态度，即所谓的"包涵"。人生还有另外一套价值准则：诚实、正直、实话实说、义务教育"一个也不能少"……在这个意义上，包容易而坚守难。

包容是一门学问，学会包容的人就学会了生活；懂得包容的人就懂得快乐！这门学问是来自内心"慈悲喜舍、善良仁爱"的自然流露！

包容是一门艺术，它不是你随随便便可以得到、可以舍弃的东西。它是一种精神的凝聚，它是一种善良的结晶，是人性至善至美的沉淀！

包容是一种美德，它可以使你的人格得到升华，让你的心灵得到净化！它是人修身养性的一本"真经"。

包容是一种境界，人要达到这种境界，就必须拥有博爱的心、博大的胸襟，还要有一份坦荡、一种气概！它是香兰被人踩倒却留香脚底的气质。

包容是一种幸福，能够包容别人是一种幸福，让别人心存感激更是一种幸福！人生一世，不能使自己在琐事困扰中作茧自缚，更不能在无尽痛苦中度过。

包容是赢得朋友的保证。学会包容他人，就是学会了包容自己。包容他人对自己有意无意的伤害，是让人钦佩的气概；包容他人曾经的过失，是对他人改过自新的最大鼓励；包容他人对自己的敌视、仇恨，是人格至高的坦露。

包容是人生的财富。人生短暂、生命无常，同样是一辈子，有的人在不尽的愤恨和埋怨中挣扎着过，有的人在快乐幸福中享受着过。包容别人的过失、包容众生的错误是人生最大的财富！

万事都由因缘生，缘生缘灭、缘来缘去，人生本来就坎坷，岂能尽如人意？我们何必怨天尤人，何必去痛苦烦恼？生气就是拿别人的痛苦来惩罚自己！难道不是吗？

　　世界上人物各异，好坏并存，我们又何苦去唠叨世态炎凉、世风日下呢？"水至清则无鱼，人至察则无徒"，万物都有其不足的一面，我们为何不以一颗火热的包容之心，来体察它的另一面呢？也许别人万恶不赦，但请不要抱怨，好坏善恶，自有公论。

　　包容别人犯错，不是欣赏别人的过错，也不是成就别人去犯错、鼓励别人去犯错，而是允许别人犯错，让别人更好地改过，而不是对他的放纵。包容他人不等于放任其自流，那是不负责任的表现。一味地迁就、包容，就是溺爱，是害人之举，若有人称此为"包容"，那就是对"包容"的一种玷污和歪曲！

　　包容确实是一门精深的艺术，只有领略到了其中的滋味，行包容他人之举，真正地拥有那份广阔的心胸及那份坦然与自然，才是活出了真正的人生！

包容让你的职场充满阳光

　　哲学家康德说："生气是拿别人的错误惩罚自己。"优雅的康德心中大概是不会有暴风骤雨的，心情永远晴朗明媚。别人犯错了，我们为此雷霆万钧，那犯错的该是我们自己了。

　　现代成功学大师戴尔·卡内基也不主张以牙还牙，他说："要真正憎恶别人的简单方法只有一个，即发挥对方的长处。"憎恶对方,恨不得食肉寝皮敲骨吸髓,结果只能使自己焦头烂额、心力尽瘁。卡内基说的"憎恶"是另一种形式的"包容",憎恶别人不是咬牙切齿饕餮对手,而是吸取对方的长处化为自己强身壮体的钙质。

林肯总统对政敌素以包容著称,后来终于引起一位议员的不满,议员说:"你不应该试图和那些人交朋友,而应该消灭他们。"林肯微笑着回答:"当他们变成我的朋友,难道我不正是在消灭我的敌人吗?"一语中的,多一些包容,公开的对手或许就是我们潜在的朋友。

反对者的存在,可让保持清醒理智的头脑,做事更周全;可激发你接受挑战的勇气,迸发出生命的潜能。这不是简单的包容,这包容如砜,磨砺着你意志,磨亮了你生命的锋芒。

"虽然我不同意你的观点,但我有义务捍卫你说话的权利。"这句话很多人都知道,它包含了包容的民主性内核。良言一句三冬暖,包容是冬天皑皑雪山上的暖阳;恶语伤人六月寒,如果你有了包容之心,炎炎酷暑里就把它当作降温的空调吧。

包容是一种美。深邃的天空容忍了雷电风暴一时的肆虐,才有风和日丽;辽阔的大海容纳了惊涛骇浪一时的猖獗,才有浩渺无垠;苍莽的森林忍耐了弱肉强食一时的规律,才有郁郁葱葱。泰山不辞抔土,方能成其高;江河不择细流,方能成其大。包容是壁立千仞的泰山,是容纳百川的江河湖海。

与朋友交往,包容是鲍叔牙多分给管仲的黄金。他不计较管仲的"自私",也能理解管仲的贪生怕死,还向齐桓公推荐管仲做自己的上司。

与众人交往，包容是光武帝焚烧投敌信札的火炬。刘秀大败王郎，攻入邯郸，检点前朝公文时，发现大量奉承王郎、侮骂刘秀甚至谋划诛杀刘秀的信件。可刘秀对此视而不见，不顾众臣反对，全部付之一炬。他不计前嫌，可化敌为友，壮大自己的力量，终成帝业。这把火烧掉了嫌隙，也铸炼了坚固的事业之基。

安德鲁·马修斯在《包容之心》中说了这样一句能够启人心智的话：

你要包容别人的龃龉、排挤甚至诬陷。因为你知道，正是你的力量让对手恐慌。你更要知道，石缝里长出的草最能经受风雨。风凉话正可以给你发热的头脑"冷敷"；给你的打击，仿佛运动员手上的杠铃，只会增加你的爆发力。睚眦必报，只能说明你无法虚怀若谷；言语刻薄，是一把双刃剑，最终也割伤自己；以牙还牙，也只能说明你的"牙齿"很快要脱落了；血脉贲张，最容易引发"高血压病"。"一只脚踩扁了紫罗兰，它却把香味留在那脚跟上，这就是宽恕。"

做事不能没有分寸

对于人生来说，未来会遇到什么，我们也许不知道，这就要求我们在做事时要把握好度，要有分寸，这样才能如行云流水、游刃有余。

一位担任中学班主任的老师曾经对班上一位一贯调皮的学生感到头痛不已，虽然多次苦口婆心地教育，总是不见效果。此时，恰逢学校承担了天安门广场前检阅方队的排练任务，学校要求选派少数最好的学生参加，而这个学生也十分渴望参加。班主任突然灵机一动，将这个学生列入了排练名单，并找他谈话，告诉他其实他并不合格，但老师认为他有巨大的潜力，如果努力，一定能够出色完成这个任务。这个学生感到了老师对他的信任，立刻表示一定能够承担这一重任。结果在数月的苦练过程中，这个学生表现非常出色，受到了学校的表扬，并从此痛改前非，面貌焕然一新，后来还当上了班长。

　　由此可见，对一个人来说，做事有分寸真的很重要，这种方式在团队中、企业中显得尤为重要。在一个团队中，如果成员能把握好自己的尺度，各尽所能就会有好的成绩。如果没有把握好分寸，团队内部互相拆台，把责任一股脑儿地推到别人身上，就会降低大家的信心和决心，这样往往把工作搞得没有生气，结果对所有人都不利。

　　当大家共同面对失败时，最忌讳的是有人说："我当时就觉得这办法不好，你应该负责那儿，我应负责这儿。结果弄得今天这个样子，如果照我的话做，绝不会是今天这种局面。"显然这种人是在推卸责任，或只是显示自己的高明，但结果不会很好。这等于是往火堆上浇汽油。

　　历史上做事讲究分寸的人还很多，比如：刘邦平定天下后论功行赏，他认为萧何功劳最大，就封萧何为赞侯，食邑八千户。为此，一些大臣提出异议，说："我们披坚执锐出生入死，多的打过一百多仗,少的也打过几十仗,攻打城池,占领地盘,大大小小都立过战功。萧何从没领过兵打过仗,仅靠舞文弄墨,口发议论,就位居我们之上,这是为什么?"刘邦听后问:"你们这些人懂得打猎吗?"大家说:"知道一些。"刘邦又问:"知道猎狗吗?"大家回答:"知道。"刘邦说:"打猎的时候,追杀野兽的是猎狗,而发现野兽指点猎狗追杀野兽的是人。你们这些人只不过是因为能猎取野兽而有功的猎狗。至于萧何,他却是既能发现猎物又能指点猎狗的猎人。再有,你们这些人只是单身一人跟随我,而萧何可是率全家数十人追随我的,你们说他的这些功劳我能忘记吗?"这一番话说得诸大臣哑口无言。

在刘邦看来,功臣也分三六九等,就像猎人和猎狗一样,虽然都在为获取猎物忙碌个不停,但猎人的作用要大于猎狗,那么,把握好分寸,重用前者是无可非议的。

汉代时,汉武帝招贤纳才,对许多人才破格使用,这引起了人们的不满。汲黯不服,就对汉武帝讲了这样一段话:"陛下任用群臣就像堆放柴草一样,后放的堆在上面。"意思是说资格浅的新人居资格老的旧臣之上。汉武帝时的汲黯因为好直言,故而不得重用,一直不能晋升,比他官职低的人许多都晋职升迁,并且超过了他。而汉武帝回答说这是因为他用人只讲究才能,而不讲究资历。

正是因为汉武帝善用贤能,而不是埋没人才,才有了当时的繁荣局面。

天下人各有所能,物各有所用,不能以大肚量按能力严格任用就会坏事。做事不能宽严无度、没有分寸,这是谨慎办事、严谨办事的体现,是理性做事的生存法则。

严谨不等于面无表情、不讲人情

在现实生活、工作中，严谨的做事态度固然必要，但一个人的面部表情如亲切、温和、充满喜气等，远比你穿着一套高档、华贵的衣服更吸引人，也更容易受人欢迎。因此，在严谨的同时还要注意你的表情，该严肃时就严肃，该放松时就放松，这才是做人做事应保持的状态。

史蒂芬是美国一家小有名气的公司总裁，他还十分年轻。他几乎具备了成功男人应该具备的所有优点：他有明确的人生目标，有不断克服困难、超越自己和别人的毅力和信心；他大步流星、雷厉风行，办事干脆利索，从不拖沓；他的嗓音深沉圆润，讲话切中要害；而且他总是显得雄心勃勃，富于朝气。他对于生活的认真与工作的严谨是有口皆碑的，而且，他对于同事们也很真诚，讲求公平对待，与他深交的人都为拥有这样一个好朋友而自豪。

但初次见到他的人却对他少有好感，这令熟知他的人大为吃惊。为什么呢？仔细观察后才发现，原来他过于严谨，待人接物时几乎没有表情。

他总是目光炯炯，脸色冰冷，双唇紧闭，即便在轻松的社交场合也是如此。他在舞池中优美的舞姿几乎令所有的女士动心，但却很少有人同他跳舞。公司的女员工见了他更是畏如虎豹，男员工对他的支持与认同也不是很多。而事实上，他只是缺少了一样东西——表情。表情是一种感性的东西，它可以体现你的宽容、你的接纳、你的愤怒、你的排斥和你的开心，恰当的表情缩短了你和别人的距离，使人与人之间心心相通，真诚地关爱。

与同事相处，应当热情。当他需要你的帮助时，你应主动搭讪，而不是冷眼旁观。当他获得成功时，你应该表示祝贺。当你碰上任何一个公司的同事时，应该微笑着跟他打招呼，你想想：当你走到办公室，发觉人人对你视若无睹，没有人愿意与你讲话，也没有人与你倾吐工作中的苦与乐时，你是什么感受？即使你专心于你的工作，但过于严谨的外表谋杀了周围人对你应有的热情，你在一个生命中有三分之一时间与同事一起工作的地方，而没有多少人与你沟通，你会快乐吗？

严谨的做事态度和风格与过于严谨的待人处事的表情是两码事，只有恰当区分，才能让严谨成为自己成事的助力。

在宽严之间找到一个结合点

宽严结合在对部下和员工的管理上能够发挥出更大的效力，那么如何结合才能达到最佳效果呢？是严，还是宽？是刚，还是柔？一个经验是：应该以慈母的手，握着钟馗的剑。也就是说要胸怀宽宏，但处理问题则要严厉、果断，绝不能手软。

上司对于下属，应是慈母的手紧握钟馗的剑，平时关怀备至，犯错误时严加惩罚，恩威并施，宽严相济，这样方可成功进行管理。

慈母般的心是每一个管理者都应具备的。对于自己的下属和员工，要维护和关怀。因为他们是你的同路人，甚至是你的依靠。而且，也只有如此，才能团结他们，共达目标。

美国威基麦迪公司老板查里·爱伦当选为1995年美国最佳老板。他是靠什么当选的呢？一是他每年都在美国的加勒比海或夏威夷召开年度销售会议；二是他非常关心员工的生活，能认真听取公司员工诉说自己的困难和苦恼。一旦员工家中有什么事情，他会给一定的假期，让其处理家事。由于他能与员工同呼吸、共命运，所以深受员工的爱戴。顾客们到他的公司后，看到公司员工一个个心情愉快，对该公司就产生了安全感，所以公司效益一直很好。

又如，和田努力创造一个积极、愉快、向上的内部环境，主要采用爱顾客首先要爱员工的方法。20世纪50年代末，八佰伴拟贷款为员工盖宿舍楼，银行以员工建房不能创效益为由一口回绝。

但是和田夫妇以"关爱员工，员工才能努力为八佰伴创利"的理由说服银行，终于建起了当时日本第一流的员工宿舍。

那些远离父母过集体生活的单身员工，吃饭爱凑合，和田加津总像慈母一样，每周亲自制定菜谱，为员工做出味美可口的饭菜。

在婚姻上，也像关心自己的孩子一样关心他们，他先后为97名员工作媒，其中有一大半双职工都是八佰伴员工。

5月份第二个周日是"母亲节"，和田加津想："远离父母、生活在员工宿舍的年轻人，夜里一个人钻进被窝时，一定十分怀念、想念父母。"于是，她专门为单身员工的父母准备了鸳鸯筷和装筷匣。当员工家长在"母亲节"收到子女们寄来的礼物后，不仅给他们的孩子，也给公司发信感谢。一些员工边哭边说："父母高兴极了！我知道了，只有让父母高兴，做子女的才最高兴。"

为了加强对员工的教育，除每天班前会之外，每月还定时进行一次实务教育。实务教育中的精神教育包括创业精神、忠孝精神、奉献精神等。和田清楚，孝敬父母是与别人和睦相处、服从上司领导的基础。能孝敬父母的员工，也会尊敬上司。所以她总是教育员工要尊重、关心自己的父母。

对待下属同时还必须严厉，这种严厉基于人类的基本特性而来。被称为经营之神的松下认为，一部分人不需要别人的监督和批评，就能自觉地做好工作，严守制度，不出差错。但是有些人好逸恶劳，喜欢挑轻松的工作，捡便宜的事情，只有别人在后头常常督促，给他压力，才会谨慎做事的。对于这种人，就只能是严加管理，一刻不放松了。

经营者在管理上宽严得体是十分重要的。尤其是在原则和制度面前，更应该分毫不让，严厉无比；对于那些违犯了条规的，就应该举起钟馗剑，狠狠砍下，绝不心软。松下说："上司要建立起威严，才能让部属谨慎做事。当然，平常还应以温和、商讨的方式引导部属自动自发地做事。当部属犯错误的时候，则要立刻给予严厉的纠正，并进一步地积极引导他走向正确的路子，绝不可敷衍了事。所以，一个上司如果对部属纵容过度，工作场所的秩序就无法维持，也培养不出好的人才。换言之，要形成让职工敬畏课长、课长敬畏主任、主任敬畏部长、部长敬畏社会大众的舆论。如此人人严于律己，才能建立完整的工作制度，工作也才能顺利进展。如果太照顾人情世故，反而会造成社会的缺陷。"

当员工的工作表现逐渐恶化之时，敏感的主管必须寻找产生这个现象的原因，如果不是有关工作的因素造成的，那么很可能是员工的私人问题使他在分心。有些主管对这种现象不是采取"这不是我的责任"而忽视它，就是义正词严地警告员工振作起来，否则就卷铺盖走人。

无论如何，如果主管希望员工关爱公司，那么，管理者首先关心员工的问题，包括他的私人问题。因此，上述的处理方式可以说轻而易举，但是无法改善员工的表现。比较合理的方法应该是与员工讨论，设法帮助他面对问题、处理问题，进而改善工作成效。

宽容与严谨是一把双刃剑，兼顾两头，才会发挥出无穷的威力，偏向一方，只用一头，只会威力逐减。而管理者在管理中就需要这把双刃剑，一头体贴着员工，一头牵制着员工。

第七章

人生需要感恩，感恩才能幸福

我们总抱怨生活的压力太大，工作、家庭、金钱，甚至爱情，本来该是生活的快乐所在，却变成了背上的枷锁。习惯面无表情的生活，甚至忘记了这个世界上还有一种东西叫幸福。其实，幸福很简单，如果你不那么匆匆，如果你用爱的眼光去感恩你拥有的一切，那么幸福真的离你很近。

感恩是一种幸福的生活方式

有一条短信是这样写的："所谓幸福，是有一颗感恩的心、一个健康的身体、一份称心的工作、一位深爱你的爱人、一帮信赖的朋友。当你收到此短信，一切随时拥有。"

这条短信把一颗感恩的心列为人生幸福的第一个条件。每个人都在享受着自然和他人带来的恩惠，同时，人们也用感恩激发的善心与善举回报着他人和社会。做人做事，如果人们都拥有一颗感恩的心，人们的心态就会更平和，人生就会更快乐，事业就会更顺利。社会就是这样一个链条：你爱别人，别人爱你；你感恩别人，别人感激你。

感恩节是西方的一个节日。1620年，英国国内正进行教育清理，英国有102名清教徒因为受不了国内的压制和迫害，登上了五月花号船，不远万里来到美国。当时美国只有土著人、印第安人，这些移民到了新的大陆，人生地不熟，很不适应，正好赶上冬天，很多人饥寒交迫而死，最后只剩下50多个人。在这种情况下，当地的土著人，特别是印第安人主动帮助他们，教他们种植庄稼、种植南瓜，教他们狩猎，同时给他们送来了一些生活的必需品，使得这50多个人生存了下来。

第二年，移民们开垦的荒地获得了丰收。这些人认为这是上帝对他们的恩赐，他们要举办一个活动来感谢上帝，在感谢上帝的同时，他们邀请当地的印第安人也来参加，他们准备了一些食品，燃起篝火，进行摔跤比赛。这就是美国第一个感恩节的由来。

从此之后，感恩节不断被历届政府所采纳，最后美国确定了每年11月的最后一个星期四为美国人的感恩节。在感恩节上，火鸡和南瓜饼都是必备的食品，这两味"珍品"体现了美国人民忆及先民开拓艰难、追思第一个感恩节的怀旧情绪。因此，感恩节也被称为"火鸡节"。

乌鸦尚有反哺之义，羊亦有跪乳之恩。蜜蜂采花而去，嗡嗡的表白是感恩；葵花沐浴着阳光，微笑向着太阳也是感恩。

有的人总是抱怨生活，抱怨自己没钱、没工作、没才没貌、怀才不遇、生活不幸福、不快乐，其实这与他们没有感恩的心态有关。

对自己的父母感恩

人要对自己的父母感恩。一个人可以有很多的选择，但是唯一不能选择的就是自己的父母。父母用博大深沉的爱选择了你，你对自己的父母要感恩。有一个小姑娘有一天和她的妈妈赌气离家出走了，她身上没带钱，一天没吃饭，又累又饿。天色晚了，集市上有一个卖馄饨的老太太看到她又馋又累，就问她："小姑娘，你是不是很饿?"她说:"是啊,我很想吃一碗馄饨,但是我没有钱。"老太太说:"我看你肯定是有事,这样吧,你先吃我不要钱,等你有钱的时候给我送回来就行了。"吃馄饨的时候小姑娘说:"还是老奶奶你对我好,我妈从来不理解我,总是跟我吵架。"老太太说:"我仅仅给你做了一碗馄饨,你就对我感恩戴德,你妈妈整天给你做饭洗衣服,你为什么就不知道妈妈的付出呢。难道是你妈妈的付出不需要回报,连一句感谢的话都不需要你说吗?"小姑娘听了之后很惭愧。

陌生人对你付出一点点,你就感激不尽,父母对自己儿女的付出是自己的一生,你怎么能把自己父母对自己的付出、对自己的恩情视为理所当然呢?

有一个人大学毕业后来到县城工作,有一天他陪妻子逛商店看到一双鞋子,他觉得这双鞋子很适合他的母亲,但是想购买的时候,却发现自己根本不知道母亲穿多大的鞋,于是他打算春节的时候回去问问母亲。结果春节回去忙于同学聚会和各项娱乐,把这件事情遗忘了。第二年春节他想这一次一定要记得问母亲,结果又因为忙于其他事情而遗忘了。第三年因为工作忙索性就没有回去。第四年回去了,他终于记住问了母亲的鞋号。但是回家不到一个月,他就收到加急电报:母病危,速归。他看到电报拔腿跑到商店,给母亲买来一双鞋子。但是他刚走到村口,远远地就看到灵棚。他双腿跪地,捧着一双鞋子,他知道他的母亲已经永远穿不上儿子买回来的鞋子了。

这就是"树欲静而风不止,子欲养而亲不待"。所以孝顺要及时,不要拖延。

所以工作再忙，一定要记住常回家看看，听听母亲的唠叨、父亲的诉说，有时候父母并不需要你的金钱，他们需要的是一颗心，需要的是你陪伴他们的时间。

感激配偶和孩子

美国有一个大富翁有一天喝多了，躺到了马路上，警察扶他起来叫他回家，富翁说自己没有家，警察指着他的别墅说："那不是你家？"富翁回答："那是房子。"因为他家里已经没有一个人了。所以，家不是房子，不是别墅，是人和人之间的亲情。没有亲情，家就不是家。

非洲的卢旺达是个战火纷飞的国家，那里有一个叫热拉尔的人，他家里的40多口人在战乱中全部丧生了。

有一天，他听说他4岁的小女儿还活着，于是费尽千辛万苦，冒着生命危险去寻找他的孩子。当他抱着自己4岁的女儿时，说的第一句话就是："我有家了。"

家是一种亲情关系，是由人构成的，而不是金钱，也不是房子。有的人房子很宽敞，但是家里却总是不和谐；有的人虽然没钱，男人骑着三轮车，女人坐在三轮车后边，一家人在城市收废品，也过得其乐融融。

所以，在这个世界上，家是一个充满亲情的地方，它有时在竹篱茅房，有时在高屋华堂，有时也在无家可归的人群中。没有亲情的人和被爱遗忘的人，才是真正没有家的人。

夫妻之间是一种缘分，更是一种责任。两个人相识，在全世界是 65 亿分之一的概率，因此一定要珍惜。经济学有一个边际效应递减规律，如人在很饿的时候，吃第一个馒头时感觉很好，到第五个馒头已经非常饱了，再也不想吃了。

其实第五个馒头和第一个馒头是一样的，但是这两个馒头的边际效应却不一样，第一个馒头的边际效应是百分之百，第二个馒头的边际效应就是 65%，到第五个馒头可能就变成负效应了。

夫妻之间也是一样，刚开始谈恋爱的时候，双方很积极、很热情，碰到对方的手感觉像触电一样。结婚之后 7 年之痒，拉住对方的手像左手握右手一样没区别，这就是边际效应。这种规律是躲不开的，但是如果能正确认识，还是可以化解的。当边际效应递减的时候，就要制造一些气氛，增加一些夫妻感情。

有一句话说得好："百年修得同船渡，千年修得共枕眠。"夫妻之间一定要珍惜缘分，双方都要尽到应有的责任。要爱护自己的孩子，不要把自己的孩子当成私有财产，要将其作为一个平等的主体去对待，要关心孩子的需求，和孩子多沟通。

有一个人工作很忙，天天很晚才回家。有一天他的小儿子问他一个小时挣多少钱，这个人说他一个小时挣 20 美元。孩子问他能不能给他 10 美元。他给了儿子 10 美元后，问他要钱做什么。他儿子从枕头下摸出了一堆皱皱巴巴的零钱，说："爸爸，我现在有 20 美元了，明天晚上，我能不能用这 20 美元换你一个小时，早点回来陪我吃饭。"这个人听到儿子这番话，抱着儿子痛哭流涕。

有的人总是忙于工作、事业，总说没有时间，对孩子不耐烦。而孩子在成长的时候，最需要家长付出自己的精力。家庭是港湾，妻子（丈夫）是船，孩子是帆，父母是山的脊梁，兄妹是山的绵延。在这里是心与心的交互，是深深的呼唤，是话语的呢喃，是温情的融化与交换，是沉默中执手相看泪眼，是枕着名字久久难眠……

一个人把时间奉献给了事业，把热情奉献给了客户，把快乐奉献给了朋友，而拿什么奉献给自己的家庭呢？一个字：爱。要用爱对家人做出感恩的回报。

感激自己的公司和老板

世界经济大师熊比特的企业家经济理论认为：企业家经济推动了世界文明的发展，企业家经济是推动世界历史前进的根本动力。

公司是免费学习的平台。要理解老板，理解老板对社会、对人类的贡献。老板给你提供了就业机会，使你的基本生活有了保障，还给你创造了免费学习的平台和展现自我的舞台。

技术人员小田技术很高，最近他跳槽到了另外一家企业，但是有一天他又回到了原来的公司。他说："我现在彻底想通了，我现在的技术是老板给我的。有一次我因为画错了一张图纸，使老板损失了18万元，但是老板没有扣我一分钱的工资。老板说没有失败、没有错误你就不会成长，咱这个企业也不会发展。"这些使得小田一直对原来的公司念念不忘，最终放弃了新公司的高薪，回到了原来的公司。

对企业和老板要抱着感恩的心态，反过来，老板也要感激员工的付出，是成千上万的员工的付出，才有企业的今天。老板再有能力，没有企业员工的努力，单枪匹马也是无法成就任何事业的。互相感恩，才能建立和谐的关系。当然，如果你认为自己与企业文化不协调，或者认为能有更好的发展，完全可以离开现在的企业，但是要好聚好散，坚守最后一班岗，这是职业人必须具备的职业意识和职业道德。

也许你能轻而易举地原谅一个陌生人的过失，却对自己的老板或上司的小过错耿耿于怀；也许你可以为一个陌生人的点滴帮助而感激不尽，却无视和自己朝夕相处的老板的种种恩惠。

这种心态总是让你把公司、老板对自己的付出视为理所当然，视为纯粹的商业关系，还时常牢骚满腹、抱怨不止，当然就更谈不上恪尽职守了。这是许多公司老板和员工之间关系紧张的原因之一。

但你是否会想到：你能够安稳地生活，能够享受快乐的人生，是因为工作给你带来了稳定的收入。

当你拿着薪水和家人团聚的时候，当你拿着薪水去孝敬父母的时候，当你拿着薪水给自己爱人买礼物的时候，当你工作之余悠闲地带着孩子去公园游玩的时候，当你在假期里和朋友开怀畅饮的时候，你是否应该心存感激？

只有用感恩的心态去对待工作，我们才能迸发出极大的工作热情，才能为工作努力。因为感恩精神会激发你的积极心态，会驱动着你不断前进。

感激共事的朋友和竞争的敌人

怀着一颗感恩之心，你就会在意你的工作，在意你的老板、同事等。只有懂得感恩，你在为人处世时才会主动积极、敬业乐观，未来的前途才不可限量。

因此，你不要忘了感谢你周围的人，包括你的上司和同事。感谢给你提供机会的老板，因为他们了解你、支持你。然后大声说出你的感谢，让他们知道你感谢他们的信任和帮助。感恩是会传染的，他人也同样会以具体的方式来表达他的谢意，感谢你所提供的服务。

很多员工总是对自己的老板不理解，认为他们不近人情、苛刻，对工作环境、对公司、对同事，总是有这样、那样的不满意和不理解。其实老板和员工之间并非对立的，从商业的角度，可以是一种合作共赢的关系，从情感的角度，也包含着一份友谊。

如果你在工作中不是寻找借口来为自己开脱，而是怀抱着一颗感恩的心，情况就会大不一样。即使上司批评了自己，也要感谢他，因为是他让你认识到自己的缺点。如果你能每天怀抱着一颗感恩的心去工作，在工作中始终牢记"拥有一份工作，就要懂得感恩"的道理，你一定会有许多收获。

一位成功的职业人士曾说："是一种感恩的心情改变了我的人生。当我清楚地意识到我在学历以及待遇上比别人都低时，我没有任何权利抱怨什么。相反地，我对所有的一切都怀抱感恩之情。我竭力要回报别人，我竭力要让他们快乐。结果，我不仅工作得更加愉快，所获帮助也更多，工作也更出色。我很快获得了加薪升职的机会。"

所以，在职场中不管做任何事，都要把自己的心态放平，抱着学习和感恩的态度，不要计较一时的待遇得失，不论做任何事都能心甘情愿、全力以赴，当机会来临时才能及时把握住。

当我们怀着感恩的心去工作，我们就是在享受工作，这样以一种愉悦和感恩的心态去工作，我们收获的将是意想不到的惊喜和成就。仔细想一想，自己曾经从事过的每一份工作，都给了你许多宝贵的经验和教训，这些都是人生中值得学习的经验。带着一种从容坦然、喜悦的感恩的心情工作吧，你会获取最大的成功。

有的人总梦想着有一天碰到伯乐相助，其实，伯乐就在你的身边，他可能是你的同事、朋友、互不相识的人，也可能是你的对手，甚至敌人。

和高手过招，你的水平肯定能提高。在为人处事的过程中，要感激自己的对手甚至敌人。在许多时刻，对手和敌人会比朋友更真诚，当他打击你时，丝毫不会给你留有余地；当他奚落你时，那份冷酷与绝情会让你刻骨铭心。是对手或敌人的强悍使你闻鸡起舞，练成一身好功夫；是对手或敌人的狡诈，使你时刻保持警觉之心；是对手或敌人的强大鞭策，使你卧薪尝胆、韬光养晦；是对手或敌人的智慧激励你不断学习、与时俱进；是对手或敌人的威胁，警醒你谨言慎行、如履薄冰；是对手或敌人的围追堵截，使你不断自我否定和扬弃，才使你打败了真正的敌人——自己！

和高手过招是人生的一大幸事，你和对手之间的关系，其实就是对立和统一的关系。

感恩是多赢的工作哲学

爱默生说："人生最美丽的补偿之一，就是人们在真诚地帮助别人之后，也帮助了自己。"所以，应该伸出你的手去帮助别人，而不是伸出脚去试图绊倒他们。

生活和工作中，人们往往因陌生人的帮助而感动不已，但对身边许多与自己关系密切的人的恩德却视而不见，他们把这些视为自己应得的。即使有感恩的心，也常常只是记得感谢给我们关心、帮助、掌声的人，在他们需要帮助的时候也会助一臂之力，却很少有人去感激伤害、欺骗、打击过我们的人，我们常常对他们报以怨恨。其实，对那些伤害过我们、带给我们疼痛的人，我们也应该感恩，正是他们让我们对这个世界有了一个更深刻的认识，我们不仅要学会用一颗感恩的心去体会真情，更要学会用一颗感恩的心去驱逐伤害。

刘洁毕业于哈佛大学商学院，曾就职于美国西南航空公司。与她相处过的同事都对她的微笑、善良和勤劳留有深刻的印象，几乎每一个和她相处过的人都成了她的朋友。

有人不解，问刘洁有什么与人相处的秘诀。

刘洁微笑着说："一切应该归功于我的父亲。在我很小的时候他就教导我，对周围任何人的给予，都应该抱有感恩的心态，而且要永远铭记，要使自己尽快忘记那些不快。

"我幸运地获得了这份工作，有很多友善的同事，虽然上司对我的要求很严格，但在生活方面对我很照顾。所有的这一切，我都铭记在心，对他们心存感激。

"我一直带着这种感激的态度去工作，很快我就发现，一切都美好起来，一些微不足道的不快也很快过去。我总是工作得很开心，大家也都很乐意帮助我。"

企业也是一样，所有的同事都更愿意帮助那些知恩图报的人，老板也更愿意提拔那些一直对公司抱有感恩心态的员工，因为这些员工更容易相处，对工作更富有热情，对公司更忠诚！

感恩是一种积极的心态，更是一种向上的力量。当你以一种知恩图报的心情去工作时，你会工作得更愉快，更有效率！

张辉是美国奥美广告公司的一名设计师，有一次被公司总部安排前往德国工作。与美国轻松、自由的工作氛围相比，德国的工作环境显得紧张、严肃并有紧迫感，这让张辉很不适应。

张辉向上司抱怨："这边简直糟透了，我就像一条放在死海里的鱼，连呼吸都很困难！"上司是一位在德国工作多年的美国人，他完全能理解张辉的感受。

"我教你一个简单的方法，每天至少说50遍'我很感激'或者

'谢谢你'。记住，要面带微笑，要发自内心。"

张辉抱着试试看的态度，一开始觉得很别扭，要知道"刻意地发自内心"可不是件容易的事情。可是几天下来，张辉觉得周围的同事似乎友善了许多，而且自己在说"谢谢你"的时候也越来越自然，因为感激已经像种子一样在他心里悄悄发芽生根。

渐渐地，张辉发现周围的环境并不像自己想象中的那样糟糕。

到后来，张辉发现在德国工作是一件既能磨炼人又让人感到愉快的事情，是感恩的态度改变了这一切！

"谢谢你！""我很感激！"当你微笑而真诚地说出这些话之后，感恩的种子已经在你自己和别人的心里种下了，这是比任何物质奖励都宝贵的礼物！

学会感恩，不仅仅意味着要拥有宽广的胸襟和高尚的品德，实际上，它更应是一种愉悦自我的智慧。感恩是积极向上的思考和谦卑的态度，当一个人懂得感恩时，便会将感恩化作一种充满爱的行动，在生活中实践。感恩不是简单的报恩，它更是一种对工作的责任，一种追求阳光人生的精神境界！一个人会因感恩而感到工作顺利，会因感恩而感到心情愉悦，感恩的心是一粒和谐的种子。我们只要怀有一颗感恩的心，就能发现生活的美好、世界的美丽，就能永远快乐地生活在温暖而充满真情的阳光里！

作为企业的一分子，无论你是才华出众的"领导人物"，还是默默无闻的小职员，如果你始终抱着对工作、对企业、对老板感恩的心，就很容易成为一个受欢迎的人，会更有亲和力和影响力。

让感恩成为你工作的力量

羔羊跪乳，乌鸦反哺，动物尚且感恩，何况我们作为万物之灵的人类呢？

上司和员工之间并非是对立的，从商展业的角度来看，也许是一合作供应的关系，从情感的角度，也许有一分友谊。上司批评你时，应该感谢他给予的种种教诲。感恩不花一分钱，却是一项重大的投资，对于未来极有利益。真正的感恩应该是真诚的，发自内心的感激，而不是为了某种目的迎合他们而表现出来的虚情假意。与溜须拍马不同，感恩是自然的情感感露，是不求回报的。一些人从内心深处感激自己的上司，但是由于惧怕流言蜚语，而将感激之情隐藏在心中，甚至刻意地疏离上司，以表自己的清白，这种想法是何等幼稚。

感恩不仅仅有利于公司和老板，对于个人来说，感恩是一种深刻的感受，能够增强个人的魅力，开启神奇的力量之门，发掘出无穷的智能。感恩也像其他受人欢迎的特质一样，是一种习惯和态度。

感恩和慈悲是近亲，时常怀有感恩的心，你会变得更谦和、可敬且高尚，每天都有几分钟时间为自己能有幸成为公司的一员而感恩，为自己能遇到这样一位老板而感恩，"谢谢你""我很感激你"这些话应该经常挂在嘴边,以特别的方式表达你的感激之意,付出你的时间和心力,为公司更加勤奋地工作,比物质的礼物更可贵。

当你的努力和感恩并没有得到相应的回报,当你准备辞职调换一份工作的时候,同样也要心怀感激之情。每一份工作、每一个老板都不是尽善尽美的。在辞职前仔细想一想,自己曾经从事过的每一份工作,多少都存在着一些宝贵的经验与资源。失败的沮丧、自我成长的喜悦,严厉的上司、温馨的工作伙伴、值得感谢的客户,这些都是人生中值得学习的经验。如果你每天都带着一颗感恩的心去工作,相信工作时的心情自然是愉快而积极的。

感恩是一种处世哲学

感恩是一种处世哲学,也是生活中的大智慧。

一个有智慧的人不应该为自己没有的斤斤计较,也不应该一味索取和使自己的私欲膨胀。学会感恩,为自己已有的感恩,感谢生活给予你的。这样你才会有一个积极的人生观和健康的心态。

每天怀有感恩的心说"谢谢",不仅仅会使自己拥有积极的想法,也使别人感到快乐。在别人需要帮助时,伸出援助之手;而当别人帮助自己时,以真诚的微笑表达感谢;当你悲伤时,有人会抽出时间来安慰你等,这些小小的细节都是一颗感恩的心。

如果你想要表达你对别人或生活的感激，当然感激是要来自内心的，下面这些方法是很好的提示。

1. 养成感恩的习惯。

每天清晨醒来时，要默默地感激已有的生活和所爱的人，在适当的时候一个小小的拥抱，对你深爱的人，与你共处很长时间了的朋友或同事，小小的拥抱是很好的来表达感恩的礼物。

2. 对每一天怀有感恩。

你并不需要感谢特定的某人，因为你可以感谢生活！感谢今天又是新的一天。应该好好珍惜，去扩展自己的内心，将自己对生活的热情传予他人。要常怀善心，要积极地帮助别人，而不要对别人恶言相向。

3. 不求回报的小小善意。

不要为了私利去做好事，也不要因为善小而不为。留心一下他人，看看他喜欢什么，或者需要什么，然后帮他们做点什么（倒杯咖啡，递下茶水等）。行动强于话语，说声"谢谢"不如做一件小小善事来回报他。

4. 一份小小的礼物。

并不需要昂贵的礼物，小小的礼物也足够表达你的感恩了。

5. 列一份你感谢别人理由的清单。

列这样一份清单，表达你对他的感受，为什么喜欢他，或者他帮助了你哪些地方，而你此深怀感激，然后将这份清单交给他。

6. 公开地感谢别人。

在一个公开的地方表达你对他们的感谢，比方说在办公室里、在与朋友和家人交谈时、在博客上等。

7. 给他们意外惊喜。

小小的惊喜可以使事情变得不一般。比方说，在妻子工作回到家时，你已经准备好了美味的晚餐；当母亲去工作时，发现自己的汽车已经被你清洗得干净又漂亮；当女儿打开便当时，发现你特意做的小甜点，就是一点点的意外惊喜。

8. 对不幸也心怀感激。

即便生活误解了你，使你遭遇挫折与打击，你也要心怀感恩。你不是去感恩这些伤心的遭遇，虽然这也使你成长，而是去感恩那些一直在你身边的亲人、朋友，你仍有的工作、家庭，生活依然给予你的健康和积极的心态等。

感恩是一个人该拥有的本性，也是一个人拥有健康性格的表现。生活、工作、学习中都会遇到别人给你帮助和关心，也许你不能一一地回报，但是对他们表示感谢是必需的。

"感恩"是一个人与生俱来的本性

感恩是一个不可磨灭的良知，也是现代社会成功人士健康性格的表现，一个连感恩都不知晓的人必定是拥有一颗冷酷绝情的心。在人生的道路上，随时都会产生令人动容的感恩之事。且不说家庭中的，就是日常生活、工作和学习中，所遇之事、所遇之人给予的点点滴滴的关心与帮助，都值得我们感恩，铭记那无私的人性之美和不图回报的惠助之恩。感恩不仅仅是为了报恩，因为有些恩泽是我们无法回报的，有些恩情更不是等量回报就能一笔还清的，唯有用纯真的心灵去感动、去铭刻、去永记，才能真正对得起给你恩惠的人。

"感恩"是尊重的基础。在道德价值的坐标体系中，坐标的原点是"我"。我与他人，我与社会，我与自然，一切的关系都是由主体"我"为中心。尊重是以自尊为起点，尊重他人、社会、自然、知识，在自己与他人、社会相互尊重以及与自然和谐共处中追求生命的意义，展现、发展自己独立人格。感恩是一切良好、非智力因素的精神底色，感恩是学会做人的支点；感恩让世界这样多彩，感恩让我们如此美丽！

"感恩"之心是一种美好的感情，没有一颗感恩的心，孩子永远不能真正懂得孝敬父母、理解帮助他的人，更不会主动地帮助别人。让孩子知道感谢爱自己、帮助自己的人，是德育教育中重要的一个内容。

1863年，林肯总统宣布了感恩节为国家节日。其后的两百多年，每年一次的感恩活动，美国人欢聚一堂，进行一次特殊的祈祷，感谢、颂扬上苍在过去一年里的仁慈和恩惠。

非但如此，它更成为一种社会活动，超市门口放个大筐，让人们留下一份食品给那些食不果腹的穷人；政府机关、学校和教堂准备大量的食物，敞开大门，分发给一些无家可归的人；更可贵的是，平时里无忧无虑的孩子在这一天却极其认真地挨家挨户敲开邻居的家门，募集食品。这些行为从小培养了孩子们帮助他人的意识，给了他们自己和所有美国人行善的机会。

学会感恩，就会心安于位。面对当前严峻的就业形势和激烈的竞争，拥有一份工作、能有个"饭碗"靠的是自己的实力，当然，也讲一定的机遇。我们应该为获得一份工作而学会感恩。这样，我们就会摆正自己的位置，保持良好的心态，就会常修处世之德，常思抱怨之害，常怀感恩之心，珍惜来之不易的工作。就不会因工作的优劣、待遇的好坏、身份的高低"闹脾气"，制造不和谐因素。感恩是根治抱怨最好的良药，我们要让浮躁的心在感恩中化为乌有，用感恩的心化解抱怨，要有"捧着一颗心来，不带半根草去"的高尚情操。

学会感恩，就会硕果累累。"做事，不止是人家要我做才做，而是人家没要我做也争着去做。这样，才做得有趣味，也就会有收获。""延安五老"之一的谢觉哉老先生教育我们要积极主动地埋头实干。我们要怀着感恩的心把自己的工作当作是自己的事业，而不仅仅是当作一种义务。我们要努力工作，用心去干事，自觉履行自己的职责，尽职尽责实际上是发自内心的感恩行为。用感恩的心去工作，你就不会感到乏味；用感恩的心去工作，你会觉得工作是为自己；用感恩的心去工作，你就会有敬业的情怀，也会有收获的喜悦。

学会感恩，硕果将挂满枝头。

感恩是一种精神

在人生的道路上，时常会遇到让人感动和铭记的事。

但是，我们常常对周围的一切不以为然，有些人把金钱和利益看得太重，而忽视了人与人之间的感情，觉得父母的细心照顾、朋友的关心帮助都是理所当然的，忙忙碌碌的生活让我们忘记了感恩，也无暇去感恩，这不能不说是一种悲哀。

在日常生活、工作和学习中所得到的点点滴滴的关心与帮助，都值得我们用心去铭记——铭记那无私的人性之美和不图回报的惠助之恩。感恩不仅仅是为了报恩，唯有用纯真的心灵去感激、去铭记，才能真正对得起给予你恩惠的人们。

一位盲人曾经请人在自己乞讨用的牌子上这样写道："春天来了，而我却看不到它。"我们与这位盲人相比，与那些失去生命和自由的人相比，目前能健康地生活在世界上，谁说不是一种命运的恩赐？想想这些，我们还会抱怨命运对自己的不公平吗？

在一个闹饥荒的城市，一个家庭殷实而且心地善良的面包师把城里最穷的几十个孩子聚集到一块儿，然后拿出一个盛有面包的篮子，对他们说："这个篮子里的面包你们一人一个。在上帝带来好光景以前，你们每天都可以来拿一个面包。"

瞬间，这些饥饿的孩子一窝蜂地涌了上来，他们围着篮子推来挤去大声叫嚷着，谁都想拿到最大的面包。当他们每人都拿到了面包后，竟然没有一个人向这位好心的面包师说声谢谢就走了。

但是有一个叫依娃的小女孩却例外，她既没有同大家一起吵闹，也没有与其他人争抢。她只是谦让地站在一步以外，等别的孩子都拿到以后，才把剩在篮子里最小的一个面包拿起来。她并没有急于离去，她向面包师表示了感谢，并亲吻了面包师的手之后才向家走去。

第二天，面包师又把盛面包的篮子放到了孩子们的面前，其他孩子依旧如昨日一样疯抢着，羞怯、可怜的依娃只得到一个比头一天还小一半的面包。当她回家以后，妈妈切开面包，许多崭新、发亮的银币掉了出来。

妈妈惊奇地叫道："立即把钱送回去，一定是面包师揉面的时候不小心揉进去的。赶快去，依娃，赶快去！"当依娃拿着钱回到面包师那里，并把妈妈的话告诉面包师的时候，面包师慈爱地说："不，我的孩子，这没有错。是我把银币放进小面包里的，我要奖励你。愿你永远保持现在这样一颗感恩的心。回家去吧，告诉你妈妈这些钱是你的了。"她激动地跑回了家，告诉了妈妈这个令人兴奋的消息，这是她的感恩之心得到的回报。

其实，感恩并不要求回报。无力报答，或一时无机会报答，都不要紧，只要心中长存感恩、常念回报就行，因为感恩最重要的是一种精神。

有一位单身女子刚搬了家，她发现隔壁住了一个寡妇与两个小孩子。有天晚上，那一带忽然停了电，那位女子只好自己点起了蜡烛。没一会儿，忽然听到有人敲门。

原来是隔壁邻居的小孩子,他紧张地问:"阿姨,请问你家有蜡烛吗?"女子心想:"他们家竟穷到连蜡烛都没有吗?千万别借他们,免得被他们缠上了!"

于是,对孩子吼了一声说:"没有!"正当她准备关上门时,那小孩微笑着轻声说:"我就知道你家一定没有!"然后,竟从怀里拿出两根蜡烛,说:"妈妈怕你一个人住又没有蜡烛,所以让我带两根来送你。"

此刻,女子自责、感动得热泪盈眶,将那小孩子紧紧地拥在怀里。

常怀感恩之心,便会更加感激和怀念那些有恩于自己却不言回报的每一个人。正是因为他们的存在,才有了我们今天的幸福和喜悦。常怀感恩之心,又足以稀释我们心中狭隘的积怨,感恩之心还可以帮助我们度过最大的灾难和痛苦。

感恩就像阳光一样,带给我们温暖和美丽。

无论你从事何种职业,只要你胸中常怀着一颗感恩的心,随之而来的,就必然会不断地涌动着诸如温暖、自信、坚定、善良等这些美好的处世品格。自然地,你的生活中便有了一处处动人的风景。

第八章

是否幸福取决于心态

选择是一种智慧，放弃是一种美丽，生活的真谛便在这取舍之间。人的一生犹如花的历程，一个花期仅是全部生命历程的一个小小的环节。选择是量力而行的睿智和远见；放弃是顾全大局的果断和胆识。当你站在人生的十字路口无法选择时，也许放弃是最好的选择。

舍弃是为了获得更多

赵惠文王死后,太子丹即位,为孝成王。孝成王年幼,由他的母亲赵太后执政。不久,秦国发兵攻击赵国,于是赵国向齐国救援,齐国提出要拿赵太后的幼子长安君作为人质才肯出兵。赵太后因为舍不得儿子,不肯答应。

大臣们极力劝说赵太后,赵太后恼怒地斥责道:

"谁再说让长安君去做人质,我当面唾他的脸!"

一天,左师触龙去面见赵太后,他请罪说:

"老臣患了脚病,走路很费力,很久没来问候太后了,太后贵体可安好?每日饮食多少?臣有一事来请求太后。臣的小儿子舒祺,不成大器,企求补一名黑衣卫士,以便守卫王宫。"

"你的小儿子多大了?"赵太后问。

"他已经 15 岁啦,虽然年纪轻些,但我希望趁我没死的时候把他托付给您……"

赵太后惊讶地问:

"难道你们男人也疼爱自己的小儿子?"

触龙满脸堆笑:

"是的,比妇人还要疼爱得多哩……臣听说太后疼爱女儿燕后,比疼爱小儿子长安君还要厉害呢!您送别燕后的时候,握住她的手哭泣的场面，实在叫人感到哀痛。她走了以后，您常为她祷告，希望她不要回来，子孙世代都做燕国的国君……"

"正是这样呢！"赵太后心里欢喜，脸上露出了笑容，"疼爱孩子就要为他们作长远打算嘛！"

触龙又态度郑重地提醒赵太后说：

"太后对长安君可没有作长远打算呀！您想一想，赵国建立以来，君主的子孙封侯的，他们的继承人还有存在的吗？其他诸侯的子孙封侯的，他们的子孙现在还有存在的吗？没有喽，近的祸患落到自己身上，远的祸患落到他的子孙身上。是国君的子孙都不成才吗？不是！只是因为他们的地位高贵而没有功劳，俸禄丰厚而没有政绩，所以是站不稳脚跟的。现在太后使长安君的地位很尊贵，分给他肥沃的土地，用不完的财宝……然而这些都不如早点让他为赵国建立功劳，不然的话，有朝一日您百年之后，长安君凭什么在赵国稳固自己的地位啊？为此老臣才说太后没有替长安君作长远打算，对他的疼爱也不如燕后……"

"我真是一时糊涂呀……"赵太后老泪纵横，泣不成声，"你说的才是真正的疼爱孩子呀，我委托你去准备吧，早一点把长安君送到齐国去，请求援军要紧啊……"

于是，触龙受命派出一百辆车，将长安君送往齐国。齐国见到人质，才发兵救赵。

想办成任何一件事情，首先应想到的是付出了多少，然后才是可以去想能得到什么。没有付出，哪里会有收获？触龙之所以能说服赵太后同意把自己的小儿子送到齐国去做人质，就是因为他说明白了付出和收获之间的道理。赵太后放弃对小儿子的过分溺爱，送

第八章 是否幸福取决于心态

193

其到齐国做人质，这不仅可保赵国的安全，还可以为小儿子的建功立业找到机会。古人说"吃得苦中苦，方为人上人"，与现代人所说不经历风雨怎么能见到彩虹，如出一辙。

懂得放弃，才能有更美好的未来

总听到有人感慨人生苦短，自己的理想还远未实现，那么让我们看看他们的理想是什么？"我一定要拿到诺贝尔文学奖""我一定要做个数学家"……渐渐地，这些远大的目标变成了沉重的负担，他们越坚持就越觉得痛苦。为什么不学着放弃呢？放弃是一种解脱、一种量力而行的智慧。你只有懂得了放弃，才会有更美好的未来。

有一种鱼叫马嘉鱼，长得很漂亮，银肤燕尾大眼睛，平时生活在深海中，春夏之交溯流产卵，随着海潮漂游到浅海。渔民捕捉马嘉鱼的方法挺简单：用一个孔目粗疏的竹帘，下端系上铁，放入水中，由两只小艇拖着，拦截鱼群。马嘉鱼的"个性"很强，不爱转弯，即使闯入罗网之中也不会停止。所以，当一只只马嘉鱼"前仆后继"地陷入竹帘孔中时，帘孔便随之紧缩。竹帘缩得愈紧，马嘉鱼愈怒，它们愈拼命往前冲，结果就会被牢牢卡死，最终被渔民所捕获。

我们也像马嘉鱼一样，笃信坚持到底就是胜利，给自己套上了个"执着"的光环，执着于名利，执着于不切实际的空想，年复一年，等到老年后才开始嗟叹壮年的无为和空虚。其实只要你放开手，就会发现许多无奈的痛苦已经不解自开。

人们不愿放弃，很大程度上也是因为不想接受变化，不能接受新事物，多年的历练使我们不敢放弃手中的一切，遇事就钻"牛角尖"。

老马是某国营钢制品厂的业务员，提起业务，老马总是一脸的得意：他是厂里的业务尖子，连续13年成为销售冠军！厂里领导都说："没有老马拿不下来的客户，老马出马，必定马到成功！"然而，就是这个春风得意的老马最近似乎遇到了难题。

原来，由于钢制品市场竞争激烈，老马所在的工厂在竞争中明显居于劣势，所以，这一季度，老马损失了不少订单，还丢了几个客户。老马自觉面上无光，走路都抬不起头来。于是老马发誓，一定要挽回颜面，在下个季度大干一场。就这样，老马鼓足了干劲，在全国各地东征西讨，累得连喘口气儿的工夫都没有，妻子劝他："你这么大年龄了，安稳几天多好！销售量下降也不是你的责任，你干吗都揽到自己身上！"可怎么说，老马也不听，非要坚持把销售额提上来。就这样，没几个月老马的头发都斑白了。

这时，老马的小舅子来找他，告诉他有个私营企业正在招聘业务精英，像老马这样的人才去了，肯定会大受欢迎，而且薪水又高，待遇又好。妻子也极力怂恿老马放弃现在这家工厂，换个环境。老马觉得很为难，从心里讲，他也知道这家工厂的境况会持续下滑，再做下去前途不大，但这毕竟是自己工作了20年的厂子啊，再说自己也不能就这么灰头土脸地走，非得把业务搞上去不可！老

195

马把自己的决定告诉家人，小舅子一听，也不理姐夫了，辞职报告一打，自己去了那家私营企业。

几年之后，老马头发已经半白了。为了业务指标，他心力交瘁，但是业绩却仍在不断滑坡。厂领导对他也不再亲切，老马苦恼极了。雪上加霜的是，那家私营企业近期准备上市，还给每位员工都分了股份，老马的小舅子有事儿没事儿就对亲戚炫耀，然后大家就替老马惋惜："唉，那个时候老马要不那么固执，依他的能力，股份肯定分得更多！死守着那个破厂子，每天累死累活，倒弄得两头不是人，有什么好！"不久，老马胃出血，住院了。出院后他办了停薪留职，整天待在家里静养。他不愿见到自己的亲戚，更不想再听到那些让他悔不当初的闲言碎语。

老马为了不切实际的"坚持"付出了巨大的代价，那我们呢？也许我们紧抓着不放的是我们深爱的理想，但当我们苦苦追求到最后，仍看不到成功的希望时，那么聪明的做法就是赶快放手，不要等到烫伤了手，才发现自己握着的原来不过是个"电熨斗"。

放弃是一种过人的智慧，只有学会放弃才能够抓住新的机遇，人生本来就是一个不断变化发展的过程。还在苦苦坚持的你也不妨"见异思迁"一回，也许你会发现不一样的美丽。

一次默默的放弃，放弃一个心仪却无缘分的朋友；放弃某种投入却无收获的感情；放弃某种心灵的期望；放弃某种思想，这时虽然会生出一种伤感，然而这种伤感并不妨碍自己去重新开始！

放弃是一种更明智的选择

在人生旅程中，的确有很多东西都是靠努力打拼得来的，因其来之不易，所以我们不愿意放弃。比如让一个身居高位的人放下自己的身份，忘记自己过去所取得的成就，回到平淡、朴实的生活中去，肯定不是一件容易的事情。但是有时候，你必须放下已经取得的一切，否则你所拥有的反而会成为你生命的桎梏。

《茶馆》中常四爷有句台词："旗人没了，也没有皇粮可以吃了，我卖菜去，有什么了不起的？"他哈哈一笑。可孙二爷呢："我舍不得脱下大褂啊，我脱下大褂，谁还会看得起我啊？"于是，他就永远穿着自己的灰大褂，可他就没法生存，他只能永远伴着他那只黄鸟。

生活中，很多人舍不得放下所得，这是一种视野狭隘的表现，这种狭隘不但使他们享受不到"得到"的幸福与快乐，反而会给他们招来杀身之祸。秦朝的李斯就是一个很好的例证，他曾经位居丞相之职，一人之下，万人之上，荣耀一时，权倾朝野。虽然当他达到权力地位顶峰之时，曾多次回忆起恩师"物忌太盛"的话，希望回家乡过那种悠闲自得、无忧无虑的生活，但由于贪恋权力和富贵，所以始终未能离开官场，最终被人陷害，不但身首异处，而且殃及三族。李斯是在临死之时才幡然醒悟的，他在临刑前，拉着二儿子的手说:"我真想带着你哥和你,回一趟上蔡老家,再出城东门,牵着黄犬,逐猎狡兔,可惜,现在太晚了!"

尽管掌声能给人带来满足感,但是大多数人在舞台上的时候,其实并没有办法做到放松,因为他们正处于高度的紧张状态。反而是离开自己当主角的舞台后,才能真正享受到轻松自在。虽然失去掌声令人惋惜,但"隐退"是为了进行更深层次的学习。

在人生征途上,要懂得追求,也要学会放弃,特别是在人生的节骨眼上举重若轻,拿得起,放得下,这样才能拥有美丽、灿烂、幸福的人生。

有一种心情叫失落,有一种美丽叫放弃。在新的时空内将音乐重听一遍,将故事再说一遍。因为这是一种自然的告别与放弃,它富有超脱精神,因而使伤感变得美丽。

拿起该拿起的,放下该放下的

一天,坦山和尚准备拜访一位他仰慕已久的高僧,这位高僧是几百里外的一座寺庙的住持。早上,天空阴沉沉的,远处还不时传来阵阵雷声。

这时,跟随坦山和尚一同出门的小和尚犹豫了,轻声说道:"快下大雨了,还是等雨停后再走吧。"

可是,坦山和尚连头都不抬,拿着伞就跨出了门,边走边说道:"出家人怕什么风雨。"

小和尚没有办法,只好紧随其后。两人才走了半里山路,瓢泼大雨便倾盆而下。雨越下越大,风越刮越猛,坦山和尚跟小和尚合撑着一把伞,顶风冒雨,相互搀扶着,深一脚浅一脚,艰难地行进着,走了半天也没遇上一个人。

前面的道路越走越泥泞,几次小和尚都差点滑倒,幸亏坦山和尚及时拉住了他。走着走着,小和尚突然站住了,只见不远处的路边站着一位年轻的姑娘。在这样大雨滂沱的荒郊野外出现一位妙龄少女,难怪小和尚吃惊发呆。

她此刻秀眉微蹙,面有难色。原来她穿着一身崭新的布衣裙,脚下却是一片泥潭,她生怕跨过去弄脏了衣服,正在那里犯愁呢。

坦山和尚见状,大步走上前去说道:"姑娘,我来帮你吧。"说完,他伸出双臂,将姑娘背过了那片泥潭。

以后一路行来,小和尚一直闷闷不乐地跟在坦山和尚身后走着,一句话也不说,更不要他搀扶了。

傍晚时分,雨终于停了,天边露出了一抹淡淡的晚霞,坦山和尚和小和尚找到一个小客栈投宿。

直到吃晚饭,坦山和尚洗完脚准备上床休息时,小和尚终于忍不住开口说话了:"我们出家人应当不杀生、不偷盗、不淫邪、不妄语、不饮酒,尤其是不能接近年轻貌美的女子,您怎么可以背着她呢?"

"谁?哪个女子?"坦山和尚愣了一愣,然后微笑了,"噢,原来你是说我们路上遇到的那个女子。我可是早就把她放下了,难道你还一直没放下吗?"

第八章 是否幸福取决于心态

199

小和尚顿悟。

生活就是拿起和放下，关键是什么该放下、什么该拿起，不该放弃的绝对不能放弃，该放下的一定要放下，这是做人的原则性和灵活性。

实际上，生活原来是有许多快乐的，只是我们常常自寻烦恼，空添许多的愁绪。为什么会这样呢？因为我们只知道拿起，不懂得放下——我们有太多的杂念，太多的想法，太多的欲望……

有一个聪明的年轻人，很想在一切方面都比他身边的人强，他尤其想成为一名大学问家，可是，许多年过去了，他的其他方面都不错，只是学业却没有长进。于是他很苦恼，就去向一位大师求教。

大师说："我们登山吧，到山顶你就知道该如何做了。"

那山上有许多晶莹的小石头，煞是迷人。每见到他喜欢的石头，大师就让他装进袋子里背着，很快，他就吃不消了。"大师，再背，别说到山顶了，恐怕连动也不能动了。"他疑惑地望着大师。"是呀，那该怎么办呢？"大师微微一笑道，"你该放下石头，不然，背着石头怎能登山呢？"

年轻人闻言一愣，忽觉心中一亮，向大师道了谢走了。之后，他一心做学问，进步飞快，最终成为一名大学问家。这就说明了一个道理，人要有所得必要有所失，只有学会放弃，才有可能登上人生的极致高峰。如果不能全部享有，就选择最需要的那一部分。

在人们越来越习惯动辄高呼残酷竞争时，学会"放下"的意义就越大。正仿佛当你遭遇灭顶挫折时，不妨手搭凉棚，你一定会发现：天并不会塌下来。这并不是不求上进，恰恰是懂得放下的人才最终会赢，而整日忙碌不休的人收获的往往只是焦虑和疲惫。

放弃是对勇气和胆识的考验

也许人生就是一个不断放弃，又不断得到的过程。关键是要学会放弃，因为放弃也是人生的一种选择。放弃意味着什么？放弃是一种勇气，但放弃绝不是对自己的背叛。放弃自私，放弃虚伪，你就会变得高尚，你生活的天空将是晴空万里。放弃一段缥缈的感情，你就会变得踏实，如释重负，清清爽爽。

放弃，不是怯懦和自卑，也不是自暴自弃，更不是陷入绝境时渴望得到的一种解脱，而是在痛定思痛后作出的一种选择。

放弃，不是退避，是一种贮藏，贮藏更大的勇气。所谓"大丈夫能屈能伸"，"能屈"不是懦弱，是一种长远的策略，是为了"伸"得更远。

曾经有这样的一句话："没有遗憾的人生才真该有遗憾！"使人感触颇深，也许人生本就是这样的。放弃悲伤，你将收获快乐；放弃痛苦，你将获得幸福；放弃寒冷，你将收获温暖。有时候，人确实应该学会放弃，毕竟这个世界上有许多东西并不属于自己。它匆匆而来，而后又匆匆地消失。为什么一定要去挽留，有些事、有些人，是我们欲留而又留不住的。曾经拥有也是一种美，可以让我们用一生的时间去回味。世上的一切本身就充满了各种矛盾，你不可能同时拥有你想要的一切，只有放弃一些，你才能得到一些。

人生面临许多选择，而选择的前提是懂得放弃，放弃得正确，即是选择得成功。放弃并不是消极地放手，而是需要睿智的思想和博大的胸怀。放弃不是噩梦方醒，不是六月飞雪，也不是逃避，更不是偃旗息鼓、甘拜下风，而是在发现了对与错、真与伪、善与恶、美与丑之后作出的一种选择。

放弃那些力所不及、不切实际的幻想，放弃盲目扩张的欲望，放弃那些我们不想拥有的，和那些对自己毫无意义的，甚至有害的东西，放弃一切该放弃的东西，瞄准自己的目标，全力以赴、努力拼搏，才会成就一番大事业。

曾经有种感觉，想让它成为永远。过了许多年，才发现它已渐渐地消逝了，才知道原来握在手里的，不一定就是我们所想真正拥有的；我们所拥有的，也不一定就是我们真正铭刻在心里的。人生很多时候需要自觉地放弃，因为世间还有其他太多美好的事物。

北方来了一条猎狗，追赶一只兔子，追到荆州时，看中另外一只兔子，于是这条猎狗同时对两只兔子追起来，一直追到赤壁。两只兔子为求自保，联合起来对付这条嚣张的猎狗。在赤壁这个地方，两只兔子狠狠地揍了一顿猎狗。猎狗被打后狼狈地逃回北方，两只兔子从此获得了新生。

我们来看这条猎狗时，会发现这条猎狗犯了好几个错误。

这条猎狗从北方一路赶来追兔子时，捎带着拣了些骨头，把荆州得了去，迫使这只兔子不得不逃。即使如此，这只兔子在当阳还是被猎狗咬了一口，带着伤的兔子继续逃跑。按理来说，猎狗应该对这只兔子穷追猛打，一直把兔子咬在嘴里，叼回家才是，这才符合基本的规律。

但在这个时候，戏剧性的事情发生了。猎狗眼里出现了另一只兔子，这条猎狗不去追已经受伤的兔子，反过头来追这只刚发现的兔子，受伤的兔子赶紧找到刚被追的兔子，两只兔子一合计，决定一起对付这条疯狂的猎狗。

如果当初猎狗在拣了便宜后，好好地把骨头啃一啃，养养精神，再去追兔子也不迟，但是它在自己没有吃饱的情况下，继续追赶兔子，最后反而被两只兔子算计了一番，一只兔子也没有吃到，连捎带着得来的骨头也被兔子抢了一半去。

事实上，我们中的很多人，在笑话这条猎狗的时候，自己却不知不觉也成了猎狗。

我们无须再对猎狗的错误做过多的分析了，其实，这条狗的失误就在一个非常简明的数学逻辑上：$1 \div 2 = 50\%$。试想，一条狗同时追两只兔子，就不仅仅是分心的概念了，50%的成功率基本上等于半途而废。

人尽管有两条腿，但只能走一条路；再厉害的人哪怕他会分身术，也只能活上一次。从数学逻辑上看，人生的成败就决定于对追寻目标的把握上——人的一生若除以唯一的目标，成功率就是100%；人的一生若除以两个目标，成功率就成了50%。以此类推，追求的目标越多，成功的概率越小，人生之路、事业的追求也就越渺茫。

当然，人生若是连一个目标也没有，那就更悲哀了——一辈子除以零目标，人生就变得毫无意义了。

大凡出类拔萃者，多是目标始终如一的人。奇怪的是，在现实生活中，绝大多数的人都把小学时就学的简易除法给忘了，拿单一的人生除以杂七乱八的追寻和欲望，使自己的成功率一再变小，直至迷失了自我、虚度了人生。

因此，如果你真想追到兔子的话，那么，你千万不要同时去追向两个不同方向奔跑的两只兔子，就算你追到了一只，也会很遗憾另一只跑了。你真正应该庆幸的是，你没有两只都追，否则，你遗憾的就不是另一只跑了，而是一只也追不到！

生命给了我们无尽的悲哀，也给了我们永远的答案，于是，选择一份放弃，固守一份超脱。不管红尘世俗的生活如何变迁；不管个人的选择方式如何；更不管握在手中的东西轻重如何，我们虽逃避也勇敢，虽伤感也欣慰！我们像往常一样向生活的深处走去，我们像往常一样在逐步放弃，又逐步坚定。

放弃，有时就是最好的选择

英国著名诗人济慈本来是学医的，后来发现了自己有写诗的才能，就当机立断，放弃了医学，把自己的整个生命投入到写诗当中去。他虽然只活了二十几岁，但他为人类留下了许多不朽的诗篇；马克思年轻时曾想做个诗人，也曾经努力写过一些诗，但他很快就发现自己的长处和兴趣并不在这里，便毅然放弃做个诗人的梦想，转到社会科研上面去了。如果他们两个人都不能及时地认识自己，没有找准自己的位置，那么英国医学界至多不过增加了一位庸医，而在国际共产主义运动史上,也肯定要失去一颗璀璨耀眼的明星。

伽利略当时是被送去学医的,但当他被迫学习解剖学和生理学的时候,他却学习着欧几里得几何学和阿基米德数学,偷偷地研究复杂的数学问题。当他从比萨教堂的钟摆上发现钟摆原理的时候,他才刚满 18 岁。

罗大佑的《童年》、《恋曲 1990》等经典歌曲影响和感动了一代人。罗大佑起初是学医的,后来他发觉自己对音乐情有独钟,所以他弃医从乐,事实也证实了他的选择是对的。

俄罗斯著名的男低音歌唱家奥多尔夏里亚宾 19 岁的时候,来到喀山市的剧院经理处,请求经理听他唱几支歌,让他加入合唱队,但他正处在变嗓子阶段,结果没被录取。过了些年,他已成了著名歌唱家。他偶然间认识了高尔基,和作家谈起了自己青年时代的遭遇。高尔基听后,出乎意料地笑了。原来就在那个时候,他也想成为该剧团的一名合唱演员,而且被选中了!不过,很快他就明白,他根本没有唱歌的天赋,于是又退出了合唱队。

人要学会放弃,放弃你不想做的事;人要学会选择,选择你喜欢并擅长做的事。只要你在自己的人生道路上,找到适合自己的人生坐标,你就能够充分发挥自己的聪明才智,改变你自己的命运,从而到达成功的彼岸。

放弃是一种大智慧。为自己算账时,人们都喜欢用加法:职位的提高、财富的增加、经验与知识的积累等,因为汲取和获得更容易让人有满足感,但是人生在特定的时候更需要减法。掂量一下肩头、心头的分量,你是否觉得太沉重?那么,何不来个大扫除,为自己清仓,放弃不必要的拖累?

舍弃眼前的诱惑，才能换来最后的辉煌

在人的一生中，会经常遇到要为顾全大局而牺牲局部的情况。我们必须不断地权衡轻重得失，以决定牺牲的分量和等级。

为了工作，我们可以牺牲娱乐；为了孩子，我们可以牺牲睡眠；为了保全生命，我们可以抛弃身外之物。但是当我们遇到比生命更宝贵的事物时，则不得不牺牲生命。如果不懂得这一道理，其后果将是不堪设想的。

1846年10月，多纳尔家族一行87人在前往加州的路上被大雪阻隔，他们被困在关口里。40天后，有一半的人陆续死于饥饿和疾病。

最后，终于有两个人决定出去求援。他们在徒步可以到达的范围之内，很快就到达了一个村庄，并带回一个救援队，使其他幸存者得以获救。

你是否觉得好奇，在面临饥饿和死亡的状态下，他们为什么等待了40天，才决定放弃那个地方？为什么没有人愿意冒险出去求援？原因很简单：他们不愿意放弃身边的财产。

他们曾试图把马车和财物拖走，结果搞得筋疲力尽却徒劳无功，只好作罢。他们就这样任由大雪把自己围困在关口，直到耗尽所有的食物和供给。

想想看，我们是否也经常陷入这种"关卡"呢？由于害怕失去既有的社会地位、丰厚的收入、舒适的办公室以及握在手中的权力，多少人放弃了新工作的挑战，宁可守着一份并不喜欢的工作，虚度数十年的光阴而不愿意寻找生命的另一束阳光。当你的生命越是往前走，你就觉得自己将要聚积越多的包袱和负担——财产、名位、习惯、人际关系、应该做的、必须做的……不断地增加，于是便更加依恋这熟悉的一切，舍不得放下。由于害怕失去拥有的一切，很多人不愿意冒险，更恐惧为了改变现状所要做出的突破，不敢离开那种一成不变的生活，以致平凡无趣地走完一生。

这也就是为什么有那么多人宁可留在熟悉的地狱，也不愿走进陌生的天堂，为何有那么多人把自己困在无形的牢笼内，而无法走出生命中的"多纳尔关口"的原因。

《左传》云："肉食者鄙，未能远谋。"而现代医学又早已证明，吃太饱、喝太足会让人萎靡不振。至于那些整日贪图享受的人剩下的只有死路一条，因为他们的血管已经被堵满，身体已经被掏空。

大名鼎鼎的日本东芝公司在 20 世纪六七十年代曾有过不良记录。当时经济萧条，日本局势风雨飘摇，偏偏这时，东芝公司高层的某些人不思进取，整日困于酒食，无所事事，导致业绩一落千丈。高层的行为影响着全公司，整个东芝一时弥漫着一股奢靡腐朽的死亡气息。

土光敏夫改革东芝的主要手段便是"撤其酒食"，强行命令下属戒掉贪图享受、不思进取的恶劣风气。东芝由此才又慢慢地走上正轨。

此举非常值得中国企业与企业家借鉴，很多人在赚了一笔小钱后马上就去挥霍享受，完全流露出一副暴发户的没出息样。不改掉这一恶习，必无大成就。

小溪放弃平坦，是为了回归大海的豪迈；黄叶放弃树干，是为了期待春天的葱茏；蜡烛放弃完美的躯体，才能拥有一世的光明；心情放弃凡俗的喧嚣，才能拥有一片宁静。要想得到野花的清香，必须放弃城市的舒适；要想得到永久的掌声，必须放弃眼前的虚荣。放弃了蔷薇，还有玫瑰；放弃了小溪，还有大海；放弃了一棵树，还有整个森林；放弃了驰骋原野的不羁，还有策马徐行的自得。

弯路上，往往有更美的风景

在生活中，当我们以常规的方法做事不起作用时，就该运用发散思维，打破常规，这样做反而可以出奇制胜。

鲁迅先生曾说过这样一句话："其实世上本没有路，走的人多了，也便成了路。"而世间之路又有千千万万，综而观之，不外乎两类：直路和弯路。

毫无疑问，在人生的征程中，大多数的人们都愿走直路，沐浴着和煦的微风，踏着轻快的步伐，踩着平坦的路面，这无疑是一种享受；相反，很少有人乐意去走弯路，因为在一般人眼里，弯路曲折艰险而又浪费时间。然而，人生的征程中却总是弯路居多，只会走直路的人，恐怕一遇上弯路就傻眼了。因此，要想猎取到真正的成功，每一个人都要学会绕道而行、曲折前进。

学会绕道而行，迂回前进，适用于生活中的许多领域。比如当你用一种方法思考一个问题和做一件事情，遇到思路被堵塞之时，不妨另用他法，换个角度去思索，换种方法去重做，也许你就会茅塞顿开，豁然开朗，有种"山重水复疑无路，柳暗花明又一村"的感觉。

在一次欧洲篮球锦标赛上，保加利亚队与捷克斯洛伐克队相遇。当比赛只剩下8秒钟时，保加利亚队以2分优势领先，一般说来已稳操胜券，但是，那次锦标赛采用的是循环制，保加利亚队必须赢球超过5分才能取胜。可要用仅剩下的8秒钟再赢3分又绝非易事。

这时，保加利亚队的教练突然请求暂停。当时许多人认为保加利亚队大势已去，被淘汰是不可避免的，该队教练即使有回天之力，也很难力挽狂澜。然而等到暂停结束，比赛继续进行时，球场上却出现了一件令众人意想不到的事情：只见保加利亚队拿球的队员突然运球向自家篮下跑去，并迅速起跳投篮，球应声入网。这时，全场观众目瞪口呆，而全场比赛结束的时间到了。当裁判员宣布双方打成平局需要加时赛时，大家才恍然大悟。保加利亚队凭借这一出人意料之举，为自己创造了一次起死回生的机会。加时赛的结果是保加利亚队赢了6分，如愿以偿地出线了。

如果保加利亚队坚持以常规打完全场比赛，是绝对无法获得真正的胜利的，而往自家篮下投球这一招，颇有迂回前进之妙。在一般情况下，按常规办事并不错，但是，当常规已经不适应变化了的新情况时，就应解放思想，打破常规，以奇招怪招来制胜。只有这样，才可能化腐朽为神奇，取得出人意料的胜利。

《孙子兵法》中说："军急之难者，以迂为直，以患为利。故迂其途，而诱之以利，后人发，先人至，此知迂直之计者也。"这段话的意思是说，军事战争中最难处理的是把迂回的弯路当成直路，把灾祸变成对自己有利的形势。也就是说，在与敌的争战中迂回绕路前进，往往可以在比敌方出发晚的情况下，先于敌方达到目标。

美国硅谷专业公司曾是一个只有几百人的小公司，面对竞争能力强大的半导体器材公司，显然不能在经营项目上一争高低。为此，硅谷专业公司的经理决定避开竞争对手的强项，并抓住当时美国"能源供应危机"中节油的这一信息，很快设计出了"燃料控制"专用硅片，供汽车制造业使用。在短短 5 年里，该公司的年销售额就由 200 万美元增加到了 2000 万美元，成本由每件 25 美元降到 4 美元。由此可见，虽然经商者寻求的是不断增加盈利，然而在激烈的竞争中每前进一步都会遇到困难，很少有投资者能直线发展，因此迂回发展也是大多数经商者所必须要走的共同道路。

在日常生活和工作中，我们也应有迂回前进的观念，凡事不妨换个角度和思路多想想。世上没有绝对的直路，也没有绝对的弯路，关键是看你怎么走，怎么把弯路走成直路。有了绕道而行的技巧和本领，才能在每一次人生出击中避开非赢即败的"老规矩"，从而顺利地打通另一条成功的途径。

绕道而行，并不意味着你面对人生的红灯而退却，也并不意味着放弃，而是在审时度势；绕道而行，不仅是一种进击之道，更是一种豁达和乐观的生活态度和理念。大路车多走小路，小路人多爬山坡，以豁达的心态面对生活，这样在人生的战场上，你将永远是一个出色的士兵，一个每次都能够拥抱胜利的成功者。

也许你曾经奋斗过，也许你曾经追求过，但你认定的路上却红灯频频亮起。你焦急，你无奈，但为什么就不能绕道而行呢？学会绕道而行，拨开层层云雾，便可见到明媚的阳光。

放弃不是失败，只是暂时停止成功

古往今来，选择放弃的典故不胜枚举。明朝时，有位叫张英的人在京城为官。一天，他接到家中老母来信，说家里因为盖房子，为一堵墙与邻居发生争执，希望他能出面解决问题。张英接信后回了一首诗："千里捎书为一墙，让他三尺又何妨。万里长城今犹在，不见当年秦始皇。"张母读后觉得有道理，于是主动退让。这个故事到今还传为美谈。有些人为了实现自己的理想，甚至放得下生死，民族英雄文天祥，为此留下了"人生自古谁无死，留取丹心照汗青"的千古绝唱。

尽管人生奋斗的目的是获得，但有些东西却是不能不学会放弃的，比如功名、利禄、美色……学会放弃，在深秋时可以感受到夏天的热情、春天的柔情、冬天的真情。但是，放弃并不是悲观失望地退却，而是"扬弃"。

学会放弃，是放弃那种不切实际的幻想和难以实现的目标，而不是放弃为之奋斗的过程和努力；是放弃那种毫无意义的拼争和没有价值的索取，而不是丧失奋斗的动力和生命的活力；是放弃那种金钱与地位的搏杀和奢侈生活的创造，而不是失去对美好生活的向往和追求。

懂得放弃的人，会用乐观、豁达的心态去对待没有得到的东西，他们每天都有快乐和愉悦的心情伴随左右；而不懂得放弃的人，只会焦头烂额地乱冲，他们不仅最终未能达到目标，而且每天都陷于得失的苦恼之中。

也许放弃在当时看来是痛苦的，甚至是无奈的选择，但是，若干年后，当我们回首那段往事时，我们会为当时正确的选择感到自豪，感到无愧于社会、无愧于人生。也许正是当年的放弃，才使我们到达今天的光辉顶点和成功彼岸。所以，放弃不是失败，只是暂时停止成功。

有一首老歌，歌词最后几句是这样的："原来人生必须要学会放弃，答案不可预期；原来结果最后才能看得清，来来回回何必在意。"是啊！人生在世，何惧放弃。

人生就是选择，而放弃正是一门选择的艺术，是人生的必修课。没有果敢的放弃，就没有辉煌的选择。与其苦苦挣扎，拼得头破血流，不如潇洒地挥手，勇敢地选择放弃。歌德说："生命的全部奥秘就在于为了生存而放弃生存。"

懂得放下，才能收获更多

佛陀在世时，有一位名叫黑指的婆罗门来到佛前，他两只手各拿了一个花瓶，前来献佛。

佛陀对黑指婆罗门说："放下！"

黑指婆罗门于是把他左手拿的那个花瓶放下。

佛陀又说："放下！"

黑指婆罗门又把他右手拿的那个花瓶放下。

然而，佛陀还是对他说："放下！"

这时黑指婆罗门说："我已经两手空空，没有什么可以再放下的了，请问现在你还要我放下什么？"

佛陀说："我并没有叫你放下你的花瓶，我要你放下的是你的六根、六尘和六识。当你把这些统统放下，你将从生死桎梏中解脱出来。"

黑指婆罗门这才了解了佛陀所说的"放下"之道理。

"放下"是非常不容易做到的，若人有了功名，就对功名放不下；有了金钱，就对金钱放不下；有了爱情，就对爱情放不下；有了事业，就对事业放不下。

我们肩上的重担和心里的压力，手上的花瓶怎能与之相比？这些重担与压力可以使人生活得非常艰苦。必要的时候，佛陀指示的

"放下"不失为一条幸福的解脱之道!

我们常说:"拿得起,放得下。"其实,所谓"拿得起",指的是人在踌躇满志时的心态,而"放得下",则是指人在遭受挫折或者遇到困难时应采取的态度。范仲淹说"不以物喜,不以己悲",有了这样一种心境,就能对大悲大喜、厚名重利看得很小、很轻,自然也就容易"放得下"了。

有一个名叫秦裕的奥运会柔道金牌得主,在连续获得203场胜利之后却突然宣布退役,而那时他才28岁,因此引起很多人的猜测,以为他出了什么问题。其实不然,秦裕是明智的,因为他感觉到自己运动的巅峰状态已经过去,而以往那种求胜的意志也迅速减退,这才主动宣布撤退,去当了一名教练。应该说,秦裕的选择虽然有所失,甚至有些无奈,然而,从长远来看,这也是一种如释重负、坦然平和的选择,比起那种硬充好汉者来说,他是英雄,因为他消失于人生最高处的亮点,给世人留下了一个微笑。

一个职务、一种头衔,代表着一个人在社会上所取得的成就和地位,它的意义是不言而喻的。但是,凡事都有一个度。适可而止,于是心定,定而后能静,静而后能安,安排既定,自能应付自如,就不会既忙且乱了。在生活中,很多时候,懂得放下才能收获更多。

成功并不总是青睐于那些死守一个真理的执着者,还格外偏爱那些懂得适时放弃的聪明人。要想达到自己的目标,我们固然要"拿得起";但与此同时,当我们发现"此路不通"时,也要学会及时地放下。片面地偏向任何一点,生命的天平就有可能发生难以控制的偏斜,到时再来补救就来不及了。

放弃对金钱的贪念

人之所以在不断创造、在不断进取，是因为看到了钱和钱负载的力量和利益。有了钱，人就有了倾注爱的对象；若失去钱，人不只孤单，更否定了自己。

其实，金钱是一种工具，是很有用也没有用的资源。从古至今，金钱成就了很多人但也毁了很多人。关键之处在于掌握金钱的人如何对待这个身外之物。

人们熟知的美国石油大王洛克菲勒就是一个典型的实例。他出身贫寒，在创业初期，人们都夸他是个好青年。当黄金像贝斯比亚斯火山流出的岩浆似的流进他的金库时，他变得贪婪、冷酷，同时也伤害到宾夕法尼亚州油田地带公民的切身利益——农田被毁，生活不得安宁。有的受害者做出他的木像，亲手将"他"处以绞首之刑。无数充满憎恶和诅咒的威胁信涌进他的办公室。连他的兄弟也十分讨厌他，而特意将儿子的遗骨从洛克菲勒家族的墓园迁到其他地方，并说："在洛克菲勒支配下的土地内，我的儿子也无法安眠。"

在洛克菲勒 53 岁时，疾病缠身，人变得像个木乃伊，医生们终于向他宣告了一个可怕的事实：他必须在金钱、烦恼、生命三者中选择其一。这时，他才开始省悟到是贪婪的魔鬼控制了他的身心。他听从了医生的劝告,退休回家,开始学打高尔夫球,上剧院去看喜剧,还常常跟邻居闲聊。经过一段时间的反省,他开始考虑如何将庞大的财产捐给别人。

起初,这并不是一件容易的事,他捐给教会,教会不接受,说那是腐朽的金钱。但他不顾这些,继续热衷于这一事业。听说密歇根湖畔一家学校因资不抵债而被迫关闭,他立即捐出数百万美元,促成了如今国际知名的芝加哥大学的诞生。洛克菲勒还创办了不少福利事业,帮助黑人。从那以后,人们渐渐地理解了他,开始用另一种眼光来看他。他造福社会的"天使"行为,不但受到人们的尊敬和爱戴,还给他带来用钱买不到的平静、快乐、健康加高寿,他在53岁时已濒临死亡,结果却以98岁高龄辞世。

洛克菲勒曾让金钱带入另一个轨道,幸运的是他及时让自己恢复了神智,得到了重获新生的机会。在他死时,只剩下一张标准石油公司的股票。生活是需要平衡的,每一个环节都很重要,不能稍有偏废。如果过分贪婪,把握不住必要的尺度,就很容易受到伤害。

有一则寓言也从另一个角度阐释了同样的道理。从前有个特别爱财的国王,一天,他跟神说:"请教给我点金术,让我伸手所能摸到的都变成金子,我要使我的王宫到处都金碧辉煌。"

神说:"好吧。"

于是第二天,国王刚一起床,他伸手摸到的衣服就变成了金子,他高兴得不得了,然后他吃早餐,伸手摸到的牛奶也变成了金子,摸到的面包也变成了金子,这时他觉得有点不舒服了,因为他吃不成早餐,得饿肚子了。他每天上午都要去王宫里的大花园散步，当他走进花园时，他看到一朵红玫瑰开放得非常娇艳，情不自禁地上前抚摸一下，玫瑰花立刻也变成了金子，他感到有点遗憾。这一天里，他只要一伸手，所触摸的任何物品都变成金子，后来，他越来越恐惧，吓得不敢伸手了，他已经饿了一天了。到了晚上，他最喜欢的小女儿来拜见他，他拼命喊着不让女儿过来，可是天真活泼的女儿仍然像往常一样径直跑到父亲身边伸出双臂来拥抱他，结果女儿变成了一尊金像。

这时国王大哭起来，他再也不想要这个点金术了，他跑到神那里，跟神祈求："神啊，请宽恕我吧，我再也不贪恋金子了，请把我心爱的女儿还给我吧！"

神说："那好吧，你去河里把你的手洗干净。"

国王马上到河边拼命地搓洗双手，然后赶快跑去拥抱女儿，女儿又变回了天真活泼的模样。

汤玛斯·富勒说："满足不在于多加燃料，而在于减少火苗，不在于积累财富，而在于减少欲念。"再多的金钱也买不来快乐，反而会让你越活越累，何苦如此呢？放弃对金钱的贪念吧，你会因此得到更多的快乐！

第九章

糊涂使你顿悟幸福

难得糊涂，必须要做到"该糊涂时糊涂，不该糊涂时绝不糊涂"。人生难得糊涂，贵在糊涂，乐在糊涂，成在糊涂。所以，难得糊涂，会使你恍然顿悟，会带给你一种大智慧，会让你获得一种前所未有的达观和从容。

贵在"难得糊涂"

清代文学家、书画家郑板桥曾刻有一图章,上面刻的是四个篆字"难得糊涂"。所谓"难得糊涂"实际上是最清楚不过了。正因为他看得太明白、太清楚、太透彻,却又对其中缘由无法解释,倘若解释了,更生烦恼,于是便装起糊涂,或说寻求逃遁之术。

历史上,真正达到板桥先生"难得糊涂"之意境的还是大有人在的。如苏东坡,他本是一个博学正直的乐天派,可偏偏不为当权派所容,一辈子被贬谪再被贬谪。东坡居士有首名诗:"人皆养子望聪明,我被聪明误一生;唯愿孩儿愚且鲁,无灾无难到公卿。"但那是因为他对现实有太多的不如意,这恐怕也只是无奈的难得糊涂!

现实人生确实有许多事不能太认真、太较劲,太认真,不是扯着胳臂,就是动了筋骨,越搞越复杂,越搅越乱乎。顺其自然,装一次糊涂,不丧失原则和人格;或为了公众,为了长远,哪怕暂时忍一忍,受点委屈也值得。心中有数(树),就不是荒山。

"难得糊涂"并不是真的糊涂,而是将事情看得清清楚楚、明明白白,只是出于某种原因,不便于直截了当,这种情况下就要采取一定的糊涂战术。确实,在生活或工作中,并不是什么时候都需要明明白白的,在某些特定的场合,出于某种特别的考虑,说得含糊一点儿，效果反而更好。

清朝的嘉庆皇帝登位后，对前代留下的一些遗留问题进行了解决，还准备破格提拔几位曾为父王作过贡献却被奸臣排挤、打击的官员。但这破格提拔的事在清朝历代尚无先例，群臣反应不一。嘉庆拿不定主意，便问老臣纪昀。纪昀沉吟良久，说："陛下，老臣承蒙先帝器重，做官已数十年了。从政，从未有人敢以重金贿赂我；为了撰文著述，我也不收厚礼，这是什么原因呢？这是因为我不谋私、不贪财。但是有一样例外，若是亲友有丧，要求老臣为之点主或做墓志铭时，对于他们所馈赠的礼金，不论多少厚薄，老臣是从不拒绝的。"

嘉庆听完纪昀一席话后感到莫名其妙，进而想一想，才点头称许，于是下决心破格提拔这批官员。

其中是何原因？原来纪昀用模糊之法，提出自己赞成皇上应该放下包袱、大胆去做的建议。纪昀的这番话听起来言不及义，但细究起来里面大有文章。既然为官清廉，何以对亲友之丧事点主、做铭所得的礼金概不拒绝呢？为祖宗推恩无所顾忌之故也。您嘉庆皇帝破格提拔曾为先帝作过突出贡献的官员，本来也是为祖宗推恩，弘扬先帝的德化，还有什么顾忌的呢？这不正和我纪昀为别人点主、做铭不推却馈赠，好让死者的后人为死者尽孝的道理一样吗？嘉庆皇帝聪慧，哪能悟不出纪昀的话中话呢？

这种糊涂真正是"参"透、"悟"透了。所以当我们直面现实时，要学学笑容可掬的大肚弥勒佛，"笑天下可笑之人，容天下难容之事"，那就会进入一种超然的境界。

该清醒时要清醒

该糊涂时糊涂，该清醒时清醒，这句话里面可有大学问。有句成语"吕端大事不糊涂"，说的是无关紧要的事就不必计较、不卖弄学问、不耍小聪明，而在关键时刻，才表现出大智大谋。在中国古代，像这样的大智若愚者是很多的。

楚庄王刚刚继位，就整天不理朝政，每天只知田猎消遣，酒色欢谑，与宫女日夜歌舞作乐，还在朝堂门口悬挂一条命令，上面写着："有敢谏者，死无赦！"朝臣都不敢作声。这样三年过去了。

忽然有一天，有人要见庄王，此人名叫成公贾。庄王问道："你来干什么？是要喝酒，还是听音乐呢？"成公贾正色回答说："我不喝酒，也不听音乐，是来给你说说隐语，为你解闷的。"

接着，成公贾讲了这样一个故事。他说："刚才无事去郊外闲走，有人对我说了这样一个隐语，我不明白，想请大王明示。那隐语说，有只大鸟，身披五色花纹，栖息在楚国的高坡上已有3年，只是它总是不动，不知这是什么鸟？"庄王回答说："我明白了，这不是凡鸟。3年不动，是在暗下决心；3年不飞，是在等丰满羽翼、积蓄力量；3年不叫，是在观察周围情况。此鸟不飞则已，一飞冲天；不鸣则已，一鸣惊人。"

庄王其实很聪明，听懂了成公贾的意思。他的回答是在表达自己的想法。

原来，楚庄王即位时，朝政还很混乱，他自己年纪很轻，没有威慑力。他的两位老师斗克（又名子仪）和公子燮拥有很大的权力，结伙作乱，蠢蠢欲动。庄王即位后，他们假派王命，令尹子孔和太师潘崇同舒人作战，而当子孔、潘崇出征后，他们又将子孔、潘崇两家的财产分掉，并派人刺杀子孔。当阴谋败露后，斗克和公子燮挟持庄王出逃。庄王在庐地获救后才回到国都亲政。在这种形势下，庄王龟缩潜伏，如今羽翼已逐渐丰满，所以，庄王接着对成公贾说："我知道做什么了，你等着吧。"

第二天，庄王突然上朝理政，接连甩出大手笔，提拔了5个有才德的官吏，还惩办了10名为非作歹的赃官，百姓拍手称快。接着，庄王下诏，派郑公子归伐宋，派蒍贾进攻晋军，以解救郑国所处的危难，结果，纷纷告捷：郑公子归战胜了宋人，抓获了宋国的执政人华元，还打败了晋军，俘虏了晋军的将领解扬。

从这以后，在庄公的治理下，楚国日益强大，庄王准备逐鹿中原。

"一鸣惊人，一飞冲天"实际上说的就是一种养精蓄锐的谋略。养精蓄锐就是积蓄力量、从容应变。养精蓄锐者大都胸怀开创自己事业的大志，可是又缺乏展示宏图大志的充分条件，于是，采取暗自积蓄实力、蓄养精神的谋略。而一旦时机成熟，便全力出动，"一鸣"而众人惊，"一飞"而冲云霄。

大智若愚，从一个角度来看，是说这个人明白利害冲突，孰重孰轻，对于一个人来说是一种很高的修养。所谓愚，并非自我欺骗，或自我麻醉，而是有意糊涂。一些情况下，需要我们糊涂，就

第九章 糊涂使你顿悟幸福

223

不要在意别人的看法、自己的地位、自己的利益，一定要糊涂；而该聪明、清醒的时候，就一定要客观冷静地展现自己，同时也不要计较那么多。左右逢源，必能游刃有余于人与人之间。不为烦恼所扰，不为人事所累，这样你也必定会有一个幸福、快乐和成功的人生。

输得起才能赢得了

人生犹如一个大赌局，在这场赌局中，谁也不能成为永远的赢家，谁也不可能永远做输家。人生总是要历经众多的大风大浪、大磨难，然而这样的经历虽然成就了一批人，但也同样葬送了一批人。为何这样说呢？

据《坛经》记载，五祖弘忍禅师曾告诫六祖惠能要迅速向南逃，且佛法"不宜速说，佛法难起"，目的自然是在保护惠能之余，让他承受一些失败与痛苦，磨炼他的意志。五祖弘忍也认为只有输得起才能赢得了。

有的人由于不能很好地面对挫折或失败，于是当他们遇到一些经济上的、生活上的或名誉上的挫折、失败时，思想就崩溃了，这些人都是一些经不起失败或挫折考验的人，亦是失败命运的拥有者。

输是什么？失败是什么？什么也不是，只是更走近成功一步；

赢是什么？成功是什么？就是走过了所有通往失败的路，只剩下一条路，那就是成功的路。

有一位教授正在考虑明天给学生们上一节哲学课，却因为总想不到一个好的讲题而很着急。并且，他六岁的儿子总是隔一会儿就跑到他的书房里去，要这要那，弄得他心烦意乱。

教授为了安抚他的儿子不让他来捣乱，情急之下，从书桌上的一本杂志里找出一张世界地图的夹页，随手撕了下来并将其撕碎了，递给儿子说："来，我们做一个有趣的拼图游戏。你回自己房里去把这张世界地图拼好，我就给你一美元。"

儿子出去后，教授把门关上，得意地自言自语：

"哈，这下可以清静了。"

谁知没过几分钟儿子又跑来了，并告诉他图已拼好了。教授大吃一惊，急忙到儿子房间去看，果然那张撕碎的世界地图完完整整地摆在地板上。

"儿子你真棒，不过怎么会这样快？"教授吃惊地望着儿子，不解地问。

"是这样的，"儿子说，"世界地图的背面印有一个名人的头像，只要人拼对了，世界地图自然就对了。"

教授爱抚着小儿子的头，若有所悟地说：

"说得好啊，人对了，世界就对了——我已经找到明天的讲题了。"

人对了，世界就对了——正是我们应该对待失败的态度。失败是什么？客观地说，它只是没有得到或丢失掉的一些东西；主观地说它只是一种心灵状态而已。客观上的失去或没得到，表面上看我

225

们是失败了，但失败不代表一无所获。毕竟我们知道这条路不通向成功，可以选择其他的路。

许多时候，我们都希望事情会朝着我们想象的方向发展，但是事实却未必如此，失败的阴影总会第一个袭向我们。一旦被它缠住是件很苦恼的事情，它会令我们气馁。当遇到这种情况时，一定要让我们的心灵平和起来，抛开压抑，从容乐观地对待这种情况。

有一个樵夫黄昏回家时，发现他的房子起火了。

左邻右舍都前来帮忙救火，但是因为傍晚的风势过于强劲，所以还是没能将火扑灭。一群人只能静待一旁，眼睁睁地看着炽烈的火焰吞噬了整栋木屋。

大火终于灭了，只见这位樵夫手里拿了一根棍子，跑进烧成灰烬的屋里不断地翻找着。围观的邻人们以为他在寻找藏在屋里的珍贵宝物，所以都好奇地在一旁注视着樵夫，企盼他快点儿找到，也好看看是什么宝物。

过了半晌，樵夫终于兴奋地叫起来："我找到了！我找到了！"

邻人们纷纷向前一探究竟，才发现樵夫手里捧着一柄柴刀，根本不是什么值钱的宝物，于是都扫兴地逐个离开了。

樵夫兴奋地砍下一段木棒嵌入柴刀里，充满喜悦地说："谢天谢地，它还在。只要有了这柄柴刀，我就可以再建造一个更坚固耐用的家了。"

我们应该敬佩那些从不幸中站起来的人，正如故事中的樵夫一样，当他面临不幸的时候，他并没有被一时的厄运击倒，反而从中找到了另外一个值得高兴的理由——他的柴刀。因为柴刀就是他的希望。

富兰克林曾说："有耐心的人才能达到他所希望的目的。"不错，任何事业都不会一帆风顺的，通往成功的大道上会遇到许多"绊脚石"，但只要我们正确地对待，不气馁，持之以恒，始终坚定如一，成功是会有希望的。成功的人大部分都曾被失败冲击过，所不同的是他们的心灵却一刻也没有被击倒，能够积极地向着成功之路迈进，所以他们成功了。这些成功的人总是在失败的时候将负面的影响转变成积极的能量，并且还会告诉自己："天无绝人之路。"

人生如船，在猝不及防的情况下可能遭遇到狂风暴雨、惊涛骇浪、冰山暗礁……只要你的心灵之舟不沉没，你就不会丢掉希望和意志力，才会在失败的道路上踏出一条成功的足迹。

糊涂自有糊涂福

有些人表现得精明过人，遇事专爱和人较真儿，但这种人往往"聪明反被聪明误"，难以成事。这种人并非真的聪明，只不过是自作聪明，所以，做人不妨装装糊涂、耍耍滑头，也许事情反倒会办得圆满些。

有个爱缠人的先生盯着小仲马问道："您最近在做些什么？"

小仲马平静地答道："难道您没看见，我正在蓄络腮胡子。"

胡子是自然长成的，小仲马故意把它当作是件极重要的事情，显然与问话的目的不相符合。小仲马表面上好像是在回答那位先生，其实并没给他什么有用的信息。小仲马自然是懂得对方问话意思的，但他偏要答非所问，用幽默暗示那人：不要再继续纠缠。

一个人如果过分认真，那么必将一事无成。在待人处世中，许多时候装得迟钝一点、傻一点、糊涂一点，往往比过于敏感更有利。

第二次世界大战中，美国罗奇福特领导的一个小组，在中途岛之战前，成功地破译了日本人的密码，得到了日军海上作战部署的确切情报，并有针对性地进行了作战准备。

谁知，就在这个节骨眼上，嗅觉灵敏的美国一新闻记者得到了这一绝密情报，竟然不知天高地厚地作为独家新闻，在芝加哥一家报纸上给捅了出来。这样一来，随时都可能引起日本人的警觉而更换密码和调整作战部署。

发生了如此严重泄露国家战时情报的事件，作为美国战时总统的罗斯福却对此置若罔闻，既没有责令追查，也没有兴师问罪，更没有因此而调整军事部署，而是装作一概不知的糊涂样子。结果，事情很快就烟消云散了，就像什么事也没发生一样，根本没有引起日本情报部门的重视。在中途岛战役中，美军靠"糊涂"得到了大便宜。

有不少领导者，对于下属一些小是小非的问题最感兴趣，最爱打听，也最爱处理。他们不知道，其实下属在领导者面前，普遍存在着一种压抑感和被动感。他们的缺点错误、他们身上不光彩的事情最怕领导者知道。他们的一些问题被领导知道了，虽然本来是小事，但他们不知道领导者是否会当作小事看，老是担心。

所以，对那些鸡毛蒜皮的小事，要运用装糊涂的办法，懒得去听，懒得去看，就是请你也不要去。如果听见了就装作耳聋，没听见；看见了，就装作眼瞎，没看见。而且在思想上要当作一点不知道那样，泰然处之，在嘴巴上真正当作一点不知道那样从不谈及。

对于那些因风俗习惯引起的问题，或者妇女们、青年人、老年人之间发生的一些无伤大雅、无关大局的冲突矛盾，领导者最好不去过问，知道了也应装作不知道。如果下属已经发现你知道了，不能采用"装不知"的办法了，你则可以采取"装不懂"的办法来应付，摇摇手，说声"这个我不懂"，并不再追问。

七十二行，行行有"行话"，许多人中间互相有"暗话"，某些"行话""暗话"，下属最忌让领导者知道，因为这些是用来互相取笑、互相俏骂的。对于这样的"行话""暗话"，就是你听到了，又知道了其中的意思，也要装不懂，甚至还要傻笑几声。这样彼此间会出现一种热闹而有趣的气氛。如果认真去分析，严肃去教育，倒会使大家兴味索然，对自己一点好处也没有。在这类问题上，装聋卖傻，并不失声望。

糊涂的技巧是一种成功之道，当然这是指小事情的小糊涂。如果一切皆明白于心，恐怕会心生烦乱，干扰工作。

其实，巧妙地装糊涂更是一种真聪明，显示出智慧，不但给各种繁杂的事情涂上润滑油，使得其顺利运转，也能在生活中充满笑声，显得轻松明快；相反，老实认真只会导致木呆刻板，甚至使事情陷入僵局。

睁一只眼闭一只眼

　　法国有位聪明而又热心的农学家，偶尔有一次在德国吃了一回土豆，就很想在自己的国家推广种植这种农作物，但他越是热心地宣传，却越得不到回报，没人相信他的话。医生甚至认为土豆有害于人的健康，有的农学家断言种植土豆会使土地变得贫瘠，宗教界称土豆为"鬼苹果"。但聪明的人是不会轻易放弃的，因此，这位一心推广土豆种植的农学家终于想出一个新点子。在国王的许可下，他在一块出了名的低产田里栽培了土豆，由一支身穿仪仗队服装的国王卫兵看守，并声称不允许任何人接近它，挖掘它。但这些士兵只在白天看守，晚上全部被撤走。人们受到"禁果"的引诱，晚上都来挖土豆，并把它栽到自己的菜园里。这样，没过多久土豆便在法国推广开了。

　　这个推广方法的成功，就得益于智慧和好奇心理的巧妙结合。如果直接向人们推广说土豆好，人们是不会接受的；如果由国王允许种植，又有卫兵看守，暗示的情境意义即：这是贵重物品。由此便诱发了人们占有的欲望，再加上栽种后亲自品尝与体验，确信有益无害，就会完全接受这种农作物。这位农学家的做法，就在于利用了人们的好奇心理，睁一眼，闭一眼，创造了一个让人们接触土豆的契机，所以产生了可喜的效应。

生活中也处处充满了这样的学问。我们每个人都有自己不为人知的毛病，平时尽量隐藏。但在人与人的交往中，如果我们抱着窥视别人的目的，睁大眼睛，两只眼球就像是显微镜似的观察、计较别人的缺点和不足，那么，我们永远都不会对对方满意。甚至你可能发现，这个世界上没有一个人能令你满意。因为我们会嫌弃、厌恶别人，所以也就处理不好与同学、同事、朋友、亲人、爱人的关系了。如果心态不端正，我们就会失去朋友，甚至失去亲人和爱人。如果我们闭上一只眼睛，以一份宽容的心看待别人的缺点和不足，给别人一份宽容，给别人一点理解，给自己一份轻松，生活也就因此而变得可爱多了。

在生活中，糊涂不是马虎，糊涂是一门学问，它包含着深奥的道理，它是清醒的最高境界，需要倾注大量的文化情愫，进行长年累月的修炼之后才能自然流露。而马虎是不需要学习和模仿的，它只不过是一种陋习罢了。

糊涂是高明的人生智慧

当环境不如我们的意、看起来并不适合我们发展时，大多数人都会抱怨，或者想办法改变这些，或是干脆换个环境生活，可是更多的时候，我们改变不了环境，甚至也很难换一个真正如意的环境去生活，那么我们该怎么办呢？

在加利福尼亚半岛上有一种美洲鹰，一只成年美洲鹰的两翼自然伸展开后长达 3 米，体重达 20 公斤，由于加利福尼亚半岛上的食物充足，使得美洲鹰成了这样一种巨鸟，它锋利的爪子可以抓住一只小海豹飞上高空。

　　这种美洲鹰的价值不菲，因而引起当地人的大肆捕杀，加之工业污染对生态环境的破坏，美洲鹰终于绝迹了。可是，近年来，一名美国科学家、美洲鹰的研究者阿·史蒂文，竟然在南美安第斯山脉的一个岩洞中发现了美洲鹰。这一发现让全世界的生物科学家对美洲鹰的未来又有了新的希望。

　　可是令人惊奇的是，就是这样一种驰骋在海洋上空的庞然大物，竟然能生活在狭小而拥挤的岩洞里。阿·史蒂文在对岩洞考察时发现，那里布满了奇形怪状的岩石，岩石与岩石之间的空隙仅 0.5 英尺，有的甚至更窄。那些岩石就像刀片一样锋利，别说是这么个庞然大物，就是一般的鸟类也难以穿越，那么，美洲鹰是如何穿越这些小洞的呢？

　　为了揭开谜底，阿·史蒂文利用现代科技手段，在岩洞中捕捉到了一只美洲鹰。阿·史蒂文用许多树枝将这只鹰围在中间，然后用铁蒺藜做成一个直径为 0.5 英尺的小洞，让它飞出来。美洲鹰的速度迅速无比，阿·史蒂文只能从录像的慢镜头回放上细看，结果发现美洲鹰在钻出小洞时，双翅紧紧地贴在肚皮上，而双腿却直直地伸到了尾部，与同样伸直的头颈对称起来，就像一截细小而柔软的面条，它是用以柔克刚的方式轻松地穿越了蒺藜洞。显然，在长期的岩洞生活中，它们练就了神奇的"缩骨功"。

　　在研究中，阿·史蒂文还进一步发现，每只美洲鹰的身上都结满了大小不一的痂,那些痂也跟岩石一样坚硬。可见,美洲鹰在学习穿越岩洞时也受过很多伤,在一次又一次的疼痛中,它们终于锻炼出了这套特殊的本领。可是如果不能忍受这些痛苦,那就只能是被环境所淘汰,被猎人们给捕杀干净,所以,为了生存,美洲鹰只能将自己的身体缩小,以此来适应狭窄而恶劣的环境,不然便很难得到新生。

千万年来,动物与人类都在为生存而战,如果不想被淘汰,就得像美洲鹰一样,改变自己的方式,适应不断变化的生存环境。尽管在"缩小"自己的过程中会历经千难万险,甚至流血流泪,但只有勇于"缩小"自己,才能扩大生存空间。

毕竟人不可能都生活在自己的意愿中,只能是生活在对环境的适应中。如果你不能改变这些,那就接受它,并且适应它吧。这才是明智的做法。

糊涂智慧比聪明更重要

大凡立身处世,是最需要聪明和智慧的,但聪明与智慧有时候却需要依赖糊涂才得以体现。郑板桥说:"聪明有大小之分,糊涂有真假之分,所谓小聪明大糊涂是真糊涂假智慧。而大聪明小糊涂乃假糊涂真智慧。所谓做人难得糊涂,正是大智慧隐藏于难得的糊涂之中。"

从理论上讲，如果一个人的智商高出普通人的正常值，这样的人就是我们生活中常说的聪明人。然而，顺着这个逻辑，我们会发现很多成功的人物并不绝顶聪明；相反，他们可能还曾是有些笨拙的人。有个统计数字显示，成功的人物中，只有不超过10%的人智商超群，其余90%的人的智商绝对只是普通人水平。但是，他们成功了。为什么会这样呢？原来，成功者更懂得如何运用智慧。

生活中，聪明与智慧实在是两回事，聪明是一种先天的东西，总令人感到聪明人的光辉，但往往这种表面的光芒不能令聪明人成功，所以我们经常看到，很多被认为聪明的人往往一事无成。

而智慧就不同了，有智慧的人未必聪明，如寓言塞翁失马中的塞翁、愚公移山中的愚公，他们眼里看见的不是即时的利益，而是目光长远。这样的人肯定不是聪明人，但他却是一个有智慧的人。

美国总统威尔逊小时候比较木讷，镇上很多人都喜欢拿他开玩笑，或者戏弄他。一天，他的一个同学一手拿着1美元，一手拿着5美分，问小威尔逊会选择拿哪一个？

威尔逊回答："我要五美分。"

"哈哈，他放着1美元不要，却要5美分。"同伴们哈哈大笑，四处传说着这个笑话。

许多人都不信小威尔逊竟有这么傻，纷纷拿着钱来试，然而屡试不爽，每次小威尔逊都回答："我要5美分。"一时间，整个学校都传遍了这个笑话，每天都有人用同样的方法愚弄他，然后笑呵呵地走开。

终于有一天，他的老师忍不住了，当面询问小威尔逊："难道你连1美元和5美分都分不清大小吗？"

234

"我当然知道,可是,如果我要了 1 美元的话,就没人愿意再来试了,我以后就连 5 美分也赚不到了。"

生活中,智慧和聪明就像主人和仆人的关系。主人没有仆人的协助不行,会显得非常笨拙狼狈,缺乏效率。但再聪明的仆人都还是仆人,他不可能是主人。仆人需要主人的方向,没有主人的仆人,等于失去了用处。因此,我们必须通过实践去把聪明转变成智慧,在智慧的基础上行动,从而能够达到事半功倍的效果。

糊涂智慧可以成就大事业,能经受时间考验;聪明只能带来一时的成功,总有机关算尽的时候。当然,聪明不是错,更不是罪,关键是要用好自己的聪明,把聪明转化为智慧。这样,才能为自己的人生锦上添花,而不会让它成为虚幻的泡沫。

糊涂是一种傻瓜精神

有一道题是这样的:如果漂流到一个荒岛,只能带 3 样东西,你会带什么?许多人回答:1 棵柠檬树,1 只鸭子,1 个傻瓜。为什么不带聪明人而带傻瓜?因为聪明人会砍掉柠檬树,吃掉鸭子,甚至最后害了主人。而只有傻瓜才能执着地拼命努力,最后能种瓜得瓜。生活中,人们需要这种傻瓜精神。傻瓜精神是一种智慧的处世方法,有傻瓜精神的地方往往会发生奇迹。

一般说来,生活中的精明人有精明的算计,傻瓜自然也有傻瓜的办法。傻瓜对许多事是不过心的,他们缺乏精明人的一些算计和设想。不过,算计和设想虽是好事情,可好事情的另一面常常就是陷阱,会造成人的过失。而傻瓜缺乏那样的算计,也就避免了那样的算计,同样也就避免了那样的过失,也就无陷阱可言。傻瓜不会过分地注意身边的潜在危险和可能要失去的东西,所以他们往往对事物并不主动出击,这样既不会使危险扩大,又能最终成就一些事业。

在电影《阿甘正传》中,主人公阿甘在人们的眼中一度像个白痴,但是他却干出了伟大的事业。阿甘出生在美国南部亚拉巴马州的绿茵堡镇,由于父亲早逝,他的母亲独自将他抚养长大。

阿甘不是一个聪明的孩子,小的时候受尽欺侮,他的母亲为了鼓励他,常常这样说:"人生就像一盒巧克力,你永远也不知道接下来的一颗会是什么味道。"他牢牢地记着这句话。在社会中,阿甘是弱者,他几乎没有能力掌控自己的生活,于是,他选择了命运为他作出安排。

阿甘的智商只有75,但凭借跑步的天赋,他顺利地完成了大学学业并参了军。在军营里,他结识了"捕虾迷"布巴和神经兮兮的丹·泰勒中尉,随后他们一起开赴越南战场。战斗中,阿甘的小分队遭到了伏击,他冲进枪林弹雨里搭救战友。当丹中尉命令他乖乖地待在原地等待援军时,他说:"不,布巴是我的朋友,我必须找到他!"虽然最终没能挽救布巴的性命,但至少布巴走时并不孤单。

战后,阿甘决定去买一艘捕虾船,因为他曾答应布巴要做他的捕虾船的大副。当他把这个想法告诉丹中尉时,丹中尉笑话他道:

"如果你去捕虾,那我就是太空人了!"可阿甘说,承诺就是承诺。终于有一天,阿甘成了船长,而丹中尉却当了他的大副。

阿甘和女孩珍妮青梅竹马,可珍妮有自己的梦想,不愿平淡地度过一生。于是,珍妮让阿甘离自己远远的,不要再来找她,可阿甘依旧会在越南每天给珍妮写信,依旧会跳进大水池里和珍妮拥抱。珍妮说:"阿甘,你不懂爱情是什么。"阿甘说:"不,虽然我不聪明,但我知道什么是爱。"虽然珍妮一次又一次地离开,但阿甘从未放弃过她,最终有情人终成眷属。

傻瓜的天性里含有一种自然的忍让、宽容和视而不见,是精明人很难做到的一件事情。傻瓜由于自身的特点,目光往往是不够尖锐的,这样他也就没有那么多的挑剔。一个不去挑剔生活和他人的人,是幸福的。而生活中的糊涂智慧就是这样。

曾读过一篇妙文,其中有句话恰好道出了其中的奥妙:"天下最傻的人,是把别人当傻子的人!"阿甘的成功,从某种意义上说,全赖于他的"傻"、不计较输赢得失。阿甘总是那么快乐、那么勇敢,我们以为他不知道自己和别人不同,没想到,原来他一直都承受着因歧视而带来的痛苦,从而不希望他的孩子同自己一样,原来他不是不知道,只是装糊涂、不计较。

拥有大智慧的人往往都表现得很愚钝,而身手很灵敏的人往往都表现得很笨拙。其实,这是一种境界。人生中适当的"傻"是一种美德,也是一种智慧。

患得患失才是真糊涂

清代红顶商人胡雪岩破产时，家人皆为财去楼空而叹惜，他却说："我胡雪岩本无财可破，当初我不过是一个月俸四两银子的伙计，眼下光景没什么不好。以前种种，譬如昨日死；以后种种，譬如今日生吧。"胡雪岩的这种得失心志可谓"糊涂之极"，然而，失去的已经不再拥有，再去计较又有何用？所以，还是糊涂一点为好。

人生的许多烦恼都源于得与失的矛盾。如果单纯地就事论事来讲，得就是得到，失就是失去，两者泾渭分明，水火不容，但是，从人的生活整体而言，得与失又是相互联系、密不可分的，甚至在一定程度上，我们可以将其视为同一件事情。我们应该认真地想一想，在生活中有什么事情纯粹是利，有什么东西全然是弊？显然没有。所以，智者都晓得，天下之事，有得必有失，有失必有得。

山姆是一个画家，而且是一个很不错的画家。他画快乐的世界，因为他自己就是一个很快乐的人。不过没人买他的画，因此在他想起来时难免会有些伤感，但只是一会儿时间。

"玩玩足球彩票吧！"他的朋友劝他，"只花 2 美元就可能赢很多的钱。"

于是山姆花 2 美元买了一张彩票，并真的中了彩！他赚了 500

万美元。

"你瞧！"他的朋友对他说，"你多走运啊！现在你还经常画画吗？"

"我现在就只画支票上的数字！"山姆笑道。

于是，山姆买了一幢别墅并对它进行了一番装饰。他很有品位，买了很多东西，其中有阿富汗地毯、维也纳橱柜、佛罗伦萨小桌、迈森瓷器，还有古老的威尼斯吊灯。

当山姆很满足地坐下来，点燃一支香烟，静静地享受着他的幸福时，突然他感到很孤单，便想去看看朋友。他像以前一样把烟蒂往地上一扔，然后便出去了。

燃着的香烟静静地躺在地上，躺在华丽的阿富汗地毯上……一个小时后，别墅变成火的海洋，它被完全烧毁了。

当朋友们很快知道了这个消息后，他们都来安慰山姆。"山姆，你真是不幸啊！"他们说。

"我怎么不幸啊？"他问道。

"损失啊！山姆，你现在什么都没有了。"朋友们说。

"什么呀？我只不过是损失了2美元罢了。"山姆答道。

在人生的漫长岁月中，每个人都会面临无数次的选择，这些选择可能会使我们的生活充满无尽的烦恼，使我们不断地失去一些我们不想失去的东西，但同样是这些选择却又让我们在不断地获得。我们失去的也许永远无法补偿，但是我们得到的却是别人无法体会到的、独特的人生。因此，面对得与失、顺与逆、成与败、荣与辱，要坦然待之，凡事重要的是过程，对结果要顺其自然，不必斤斤计较、耿耿于怀，否则，只会让自己活得很累。

俗话说"万事有得必有失",得与失就像小舟的两支桨、马车的两只轮,得失只在一瞬间。失去了春天的葱绿,却能够得到丰硕的金秋;失去了青春岁月,却能使我们走进成熟的人生……失去本是一种痛苦,但也是一种幸福,因为失去的同时也在获得。

一位成功人士对得与失有较深的认识,他说,得和失是相辅相成的,任何事情都会有正反两个方面。也就是说,凡事都在得和失之间同时存在着,在你认为得到的同时,其实在另外一方面可能会有一些东西失去,而在失去的同时,也可能会有一些你意想不到的收获。

人生中得与失,常常发生在一闪念间。到底会得到什么,到底会失去什么,仁者见仁,智者见智。不可否认的是,人应该随时调整自己的心态,该得的,不要错过;该失的,洒脱地放弃。

不要太过计较得失,人生才能呈现更多的风景。

温文尔雅是修炼"糊涂"

境界的方式"难得糊涂",反映出来的是一种修养,那么修养的最高境界也应当是"难得糊涂"最高技巧的表现。任凭东西南北风,我自心中坦荡有数,按部就班且我行我素。其文雅风度,就如苏东坡在《念奴娇·赤壁怀古》里描述的"雄姿英发,羽扇纶巾,谈笑间,樯橹灰飞烟灭"的小周郎,似"天子呼来不上船,自称臣是酒中仙"的李太白,自然也同于"些小吾曹州县吏,一枝一叶总关情",在未获得上司批准,竟敢自作主张、开仓放粮来救济百姓的郑板桥。

那是在一个瞬间里就要降落倾盆大雨的下午,街上的行人纷纷进入附近的商店躲避,有一位老妇人也慌忙地进了一家大商店。由于她衣着简朴,当时的神情又很狼狈,所以售货员们都对她心不在焉、视而不见。只有一个年轻人走过来,礼貌而且很诚恳地说:"夫人,我能为您做点什么吗?"老妇人莞尔一笑:"不用了,我在这躲一会儿雨,马上就走。"老妇人说完,又很快地不自然起来,觉得借人家的屋子躲雨,就应该买点什么,哪怕是买个头上的小饰物也算心安理得呀!

于是,她便开始到货架前面转起来。当老妇人正犹豫地想挑选点什么时,那个小伙子又走过来了,很明白她的心思,仍然礼貌地用非常温和的语气说:"夫人,您不必为难,我给您搬来把椅子,您坐着休息就是了。"两个小时过后,雨过天晴了,老妇人道了谢,并向那位年轻人要了张名片,就颤巍巍地走了。

几个月过去了,这家大百货公司的总经理收到一封信,信中指名要求派这位年轻人前去苏格兰,收取一份装潢整个城堡的订单,并让他承包自己家族所属的几个大公司下一季办公用品的采购订单。总经理惊喜不已,因为这封信所带来的利益相当于他们公司两年的利润总和。

原来,这封信就是出于那位避雨的老妇人之手。老妇人的身份是美国亿万富翁"钢铁大王"安德鲁·卡内基的母亲。这位让老妇人感动的年轻人名叫菲利,当年才22岁,马上被总经理推荐到公司董事会上，成了这家百货公司的合伙人。在后来的几年里，菲利以他的忠诚和诚恳成为了"钢铁大王"的左膀右臂，成为美国钢铁行业中仅次于卡耐基的富可敌国的重量级人物。

　　菲利在普通店员的工作岗位上所表现出来的和蔼、气度，是职业的崇高修养。他对商店能否收取"既得利益"采取了"糊涂"的办法，而难能可贵地把每一个进入店门的人都当作了"上帝"，由此显现出他在工作上的温文尔雅的风度，对顾客产生了强烈的吸引力。我们可以推论，类似的事情，菲利在这之前也一定做过许多，就算当时商店没有利润收入，但因为这次给客人留下的好感，至少可以为下次有计划地来商店采购物品而埋下伏笔。或者有人也许会像老妇人怀着"欠下人情"一样的心理，当时就真的想买点什么呢。这件事表面看来，菲利远没有其他的店员聪明，做了一件枉费力气的"分外"事，是一个名副其实的"糊涂"人。然而正是这份"糊涂"，表现出了他可成就大事的修养与素质。

　　这个故事告诉我们，一个在追求成功之路上不可掉以轻心的真谛就是：在有可能暂时损失自己的小利益时，就应当装一下"糊涂"，不要斤斤计较，不要"以为是小善而不为"，要表现出一个做大事者应该有的气度和风范来。说不定，你真的就会好心有好报地撞上了好运气呢。